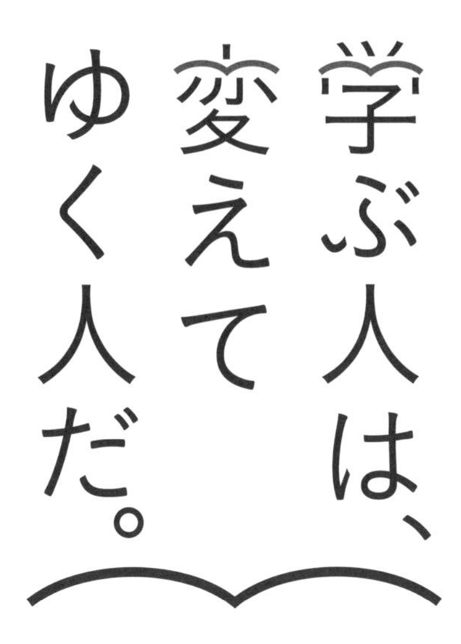

目の前にある問題はもちろん、

人生の問いや、

社会の課題を自ら見つけ、

挑み続けるために、人は学ぶ。

「学び」で、

少しずつ世界は変えてゆける。

いつでも、どこでも、誰でも、

学ぶことができる世の中へ。

旺文社

もくじ

身のまわりの現象

学習日　　月　　日

基礎問題

解答 ➡ 別冊解答2ページ

1 光

① 光が反射するとき，入射角と反射角の間にどのような関係がありますか。〔　　〕に「＝」「＜」「＞」のどれかを入れなさい。

入射角〔　　〕反射角

② 光が a空気中から水中に進むとき，また，b水中から空気中に進むとき，入射角と屈折角の間にどのような関係がありますか。〔　　〕に「＝」「＜」「＞」のどれかを入れなさい。

a…入射角〔　　〕屈折角

b…入射角〔　　〕屈折角

③ 入射角が限度をこえて大きくなったとき，屈折光がなくなり，反射光だけになる現象を何といいますか。また，この現象が起こるのは，②の下線部a，bのどちらの場合ですか。

現象の名前〔　　　〕　起こる場合〔　　〕

④ a光軸（凸レンズの軸）に平行に入射した光，b凸レンズの中心に入射した光は，凸レンズを通過後，どのように進みますか。

a〔　　　　を通って進む〕

b〔屈折せずに　　　　〕

⑤ 図1のように，物体が凸レンズの焦点より外側にあるときにできる像を何といいますか。また，像の向きは物体と同じですか，逆ですか。

図1

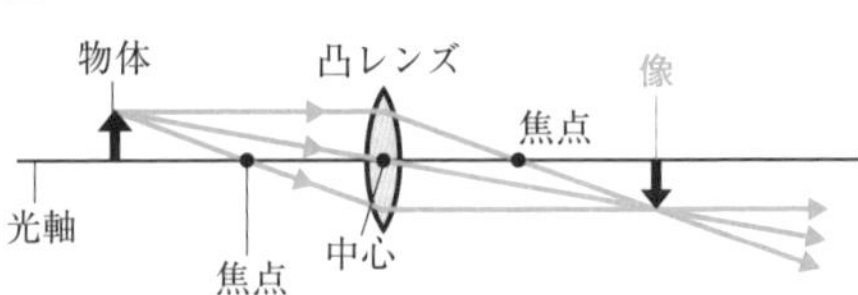

像の名前〔　　　〕　像の向き〔　　〕

⑥ 図2のように，物体が凸レンズの焦点より内側にあるときに見える像を何といいますか。また，像の向きは物体と同じですか，逆ですか。　像の名前〔　　　〕　像の向き〔　　〕

図2

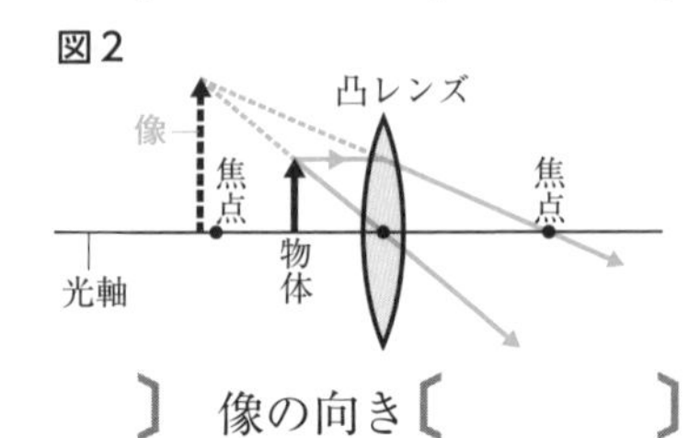

光

参考

光の反射

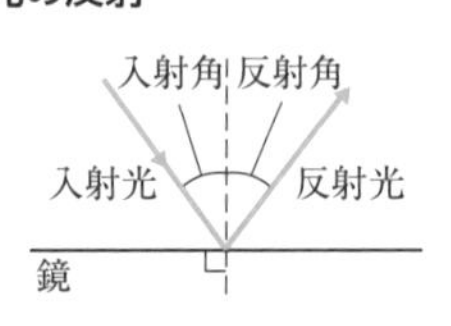

光の屈折

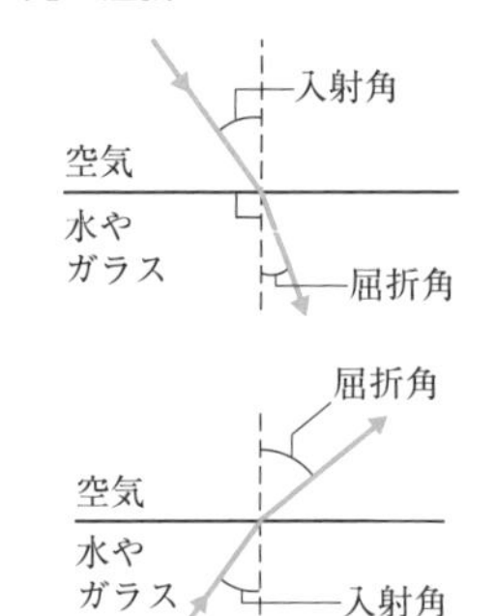

知っトク

① 物体が焦点距離の2倍より外側にある。
→物体より小さい実像

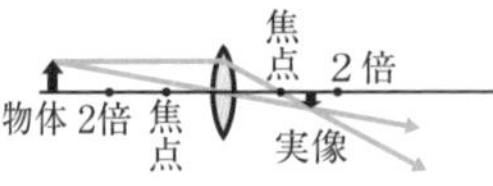

② 物体が焦点距離の2倍の位置にある。
→物体と同じ大きさの実像

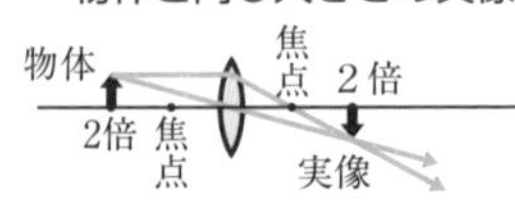

③ 物体が焦点距離の2倍の位置と焦点の間にある。
→物体より大きい実像

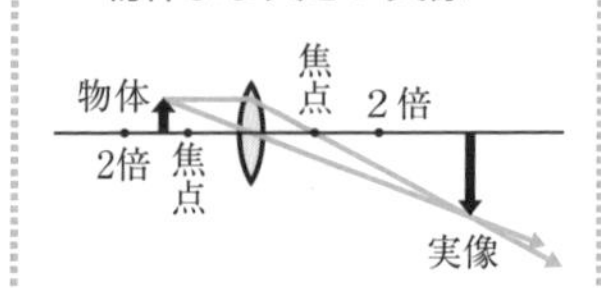

2 音

⑦ 音源や空気の a 振動の幅が大きい音，b 1秒間の振動の回数が多い音は，どのように聞こえますか。「高い」「低い」「大きい」「小さい」で答えなさい。

a〔　　　　〕 b〔　　　　〕

⑧ モノコードで高い音を出す方法を，次から2つ選びなさい。

〔　　と　　〕

ア　弦を強くはじく。　　イ　弦を太いものにとりかえる。

ウ　弦を強く張る。　　エ　弦の振動する部分を短くする。

⑨ 音は真空中を伝わりますか。

〔　　　　〕

3 力

⑩ 地球上のすべての物体は，地球から地球の中心に向かう向きに力を受けています。この力を何といいますか。

〔　　　　〕

⑪ 力の大きさを表す単位の名前と記号を答えなさい。

名前〔　　　　〕

記号〔　　　　〕

⑫ ばねを引く力の大きさを2倍にすると，ばねののびはどうなりますか。

〔　　　　〕

⑬ ばねに加わる力の大きさとばねののびの間に，⑫のような関係があることを何の法則といいますか。

〔　　　　〕

⑭ 2力がつり合うためには「2力が一直線上ではたらく」ことに加えて，向きと大きさについてどのような条件が必要ですか。

向き〔　　　　〕

大きさ〔　　　　〕

⑮ 右の図のように，床の上に物体を置いたとき，床から物体にはたらき，重力とつり合っている力Xを何といいますか。

〔　　　　〕

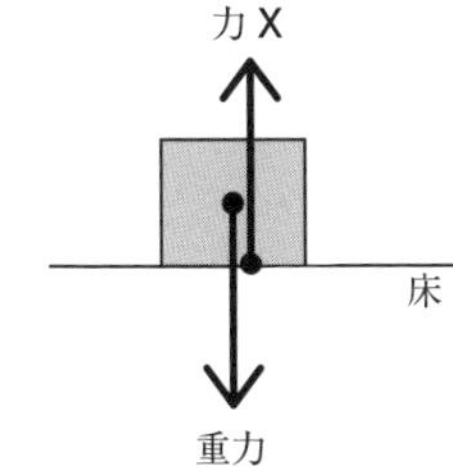

音

よくでる オシロスコープで見た音

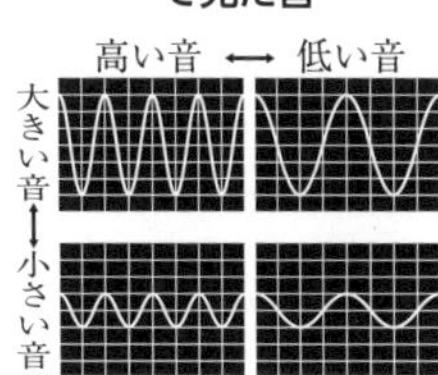

知っトク

振動数の単位にはヘルツ(記号 Hz)が使われる。

資料 モノコード

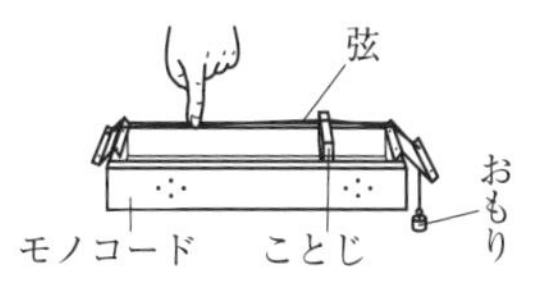

力

知っトク

・力の大きさ1N… 100gの物体に地球上ではたらく重力の大きさとほぼ同じ。

・重さ(重力の大きさ)は場所によって変化するが，質量(物体そのものの量)は場所が変わっても変化しない。

・力の矢印

①矢印の長さで力の大きさを表す。

②矢印の向きで力の向きを表す。

③矢印の始点で力の作用点を表す。

つり合っている2力

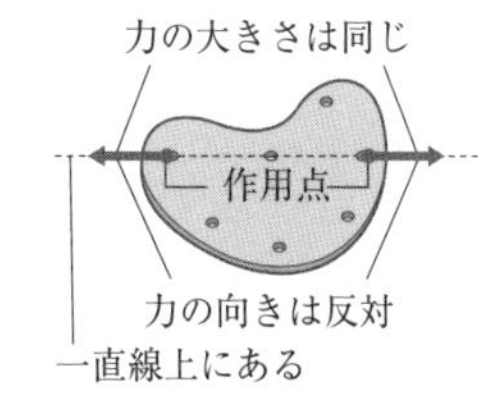

身のまわりの現象

得点 ／100点

基礎力確認テスト

解答➡別冊解答2ページ

1 光について，次の問いに答えなさい。［6点×6］

(1) **図1**のように，水中に光源を置き，水面と光の進む向きが30°になるようにしたら，屈折する光はなく，反射する光だけが観察された。〈鹿児島・改〉

図1

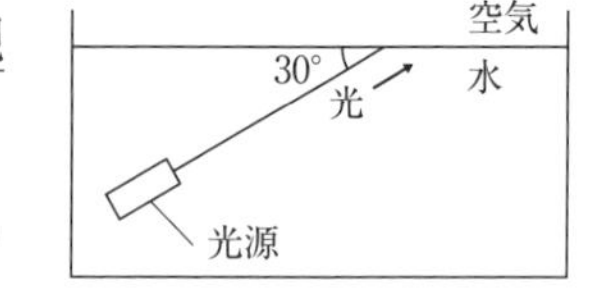

① 下線部のような現象を何というか。（　　　　　）

② 水面で反射する光の入射角と反射角は何度か。

入射角（　　　　　）　反射角（　　　　　）

(2) **図2**の装置で，物体**A**と凸レンズの距離aと，凸レンズとスクリーンの距離bをともに20cmにすると，スクリーンに物体**A**と同じ大きさの実像ができた。〈愛媛〉

図2

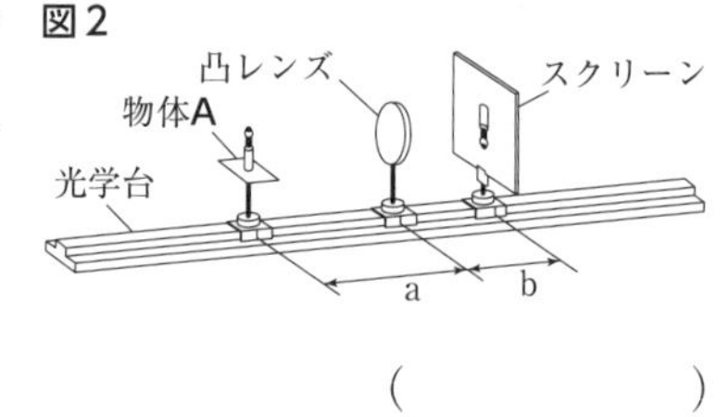

① この実験で用いた凸レンズの焦点距離は何cmか。

（　　　　　）

② aを次の**ア**～**エ**のように変えるとき，スクリーンにできる物体**A**の実像が最も大きくなるのはどれか。**ア**～**エ**の記号で答えなさい。（　　　　　）

ア 35cm　**イ** 25cm　**ウ** 15cm　**エ** 5cm

(3) 物体，凸レンズ，焦点の位置が**図3**のような場合，凸レンズを通して見ると，どのような像が見えるか。像を矢印↑で**図3**にかきなさい。ただし，矢印をかくために用いた線は消さないこと。〈山梨〉

図3

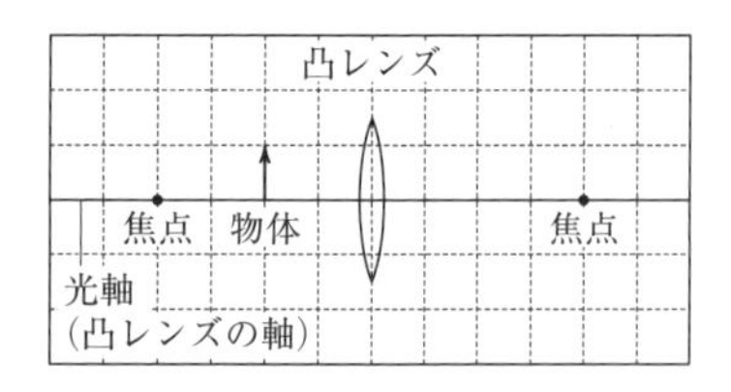

2 **図1**のように，モノコードの中央にコマを置き，**PQ**間をはじいた。**図2**は，その音の振動のようすをコンピュータで調べた結果で，縦軸は振幅を，横軸は時間を表している。［7点×4］〈長崎・改〉

図1

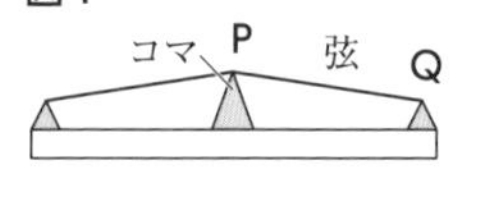

図2

(1) 次の①，②のときの振動のようすを右の**ア**～**エ**から選べ。

ア

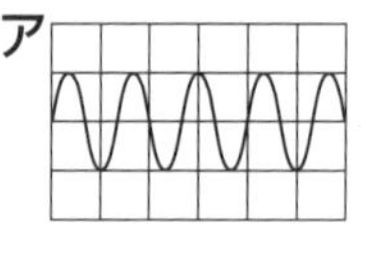

イ

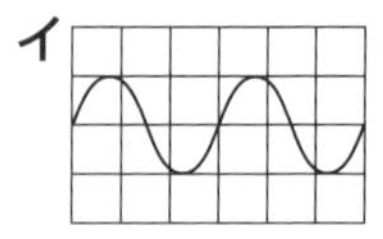

ウ

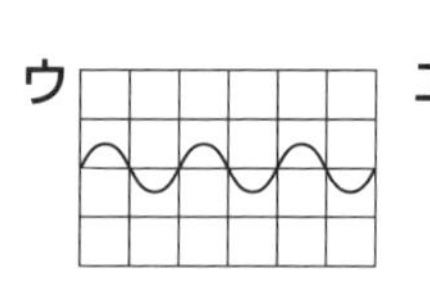

エ

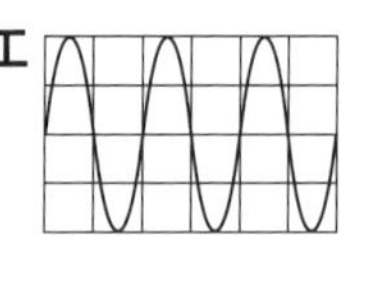

① **PQ**間を強くはじいたとき　（　　　　　）

② コマを動かし，**PQ**間を短くしてはじいたとき　（　　　　　）

(2) 弦の張り方を強くしてはじくと，①振動数と②音の高さがどのように変わるか。

①（　　　　　）　②（　　　　　）

3 打ち上げられた花火が開いた瞬間，花火から光と音が同時に発生した。太郎さんがいた地点では，その花火の光が見えてしばらくしてから，音が聞こえた。［6点×2］〈愛媛〉

⑴ 下線部のようになったのはなぜか。理由を解答欄の書き出しに続けて書きなさい。

光に比べて（　　　　　　　　　　　　　　　　　　　　　　）

⑵ 太郎さんには，花火の光が見えてから2.0秒後に音が聞こえた。花火が開いた位置から太郎さんがいた地点までの距離は何mか。ただし，音の伝わる速さは340m/sとする。

（　　　　　　）

4 図1のように，ばねにおもりをつり下げて，おもりの重さとばねののびの関係を調べた。図2は実験の結果をグラフに表したものである。ただし，ばねの重さは考えないものとする。［6点×2］〈鳥取〉

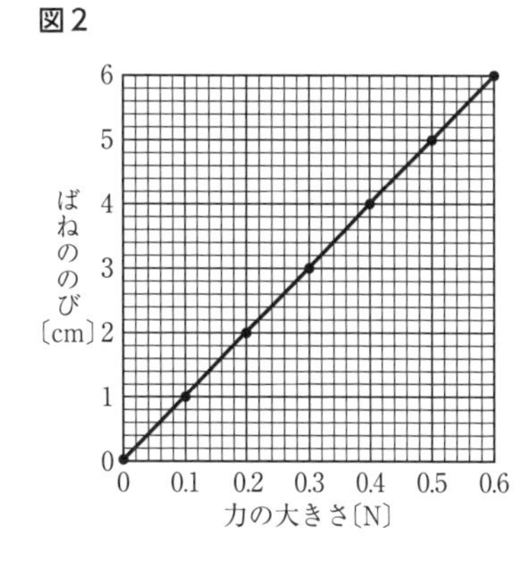

⑴ 図2のように，ばねののびは，ばねを引く力の大きさに比例する。この法則を何というか，答えなさい。

（　　　　　　　　　　）

⑵ 実験の結果から，このばねに重さ0.8Nのおもりをつり下げたとき，ばねののびは何cmになると考えられるか，答えなさい。（　　　　　　）

5 右の図のように，質量2500gの直方体のレンガを水平な台の上に置いた。このとき，地球がレンガを引く力(重力)を矢印X，台がレンガを押す力(垂直抗力)を矢印Yで表した。次の文は，図のレンガにはたらく力について述べたものである。①，②に当てはまるものは何か。①は向き，大きさという2つのことばを用いて書き，②は数値を書きなさい。ただし，質量100gの物体にはたらく重力の大きさを1Nとする。［6点×2］〈福島〉

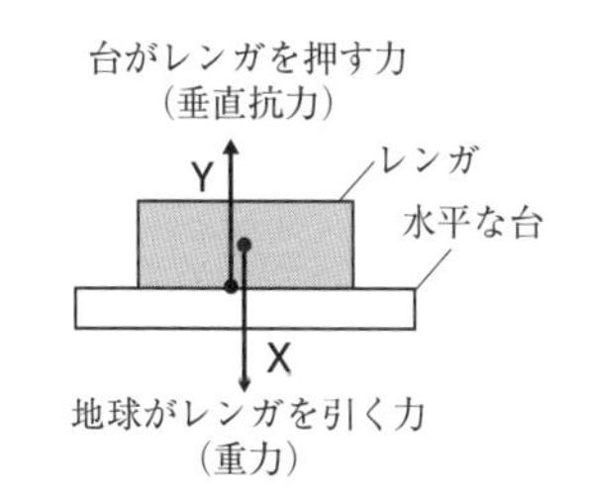

①（　　　　　　　　　　　　　　　　　）

②（　　　　　　）

水平な台の上に置いたレンガにはたらく力Xと力Yは，一直線上にあり，
［　　①　　］ため，つり合っている。
このことから，力Yの大きさは［　②　］Nとなる。

2 日目 身のまわりの物質

学習日　　月　　日

基礎問題

解答 ➡ 別冊解答3ページ

1 いろいろな物質

① 金属に共通の性質を，次から2つ選びなさい。

〔　　と　　〕

ア　熱や電気をよく通す。　　イ　密度が比較的小さい。
ウ　磁石につく。　　エ　引っ張ると，長くのびる。
オ　燃えると，二酸化炭素が発生する。

② エタノールは体積 20cm³ のとき質量が 15.8g です。エタノールの密度を，単位をつけて答えなさい。

〔　　　　〕

2 身近な気体

③ 次の方法で発生する気体の物質名を答えなさい。

a　亜鉛にうすい塩酸を加える。〔　　　　〕

b　二酸化マンガンにオキシドール(うすい過酸化水素水)を加える。〔　　　　〕

④ 次の性質をもつ気体の物質名を答えなさい。

a　石灰水を白くにごらせる。〔　　　　〕

b　気体自身が燃え，水ができる。〔　　　　〕

c　水に極めてよく溶け，水溶液がアルカリ性を示す。

〔　　　　〕

⑤ 右のA～Cは気体を集める方法です。それぞれの名称を答えなさい。

A〔　　　　〕
B〔　　　　〕
C〔　　　　〕

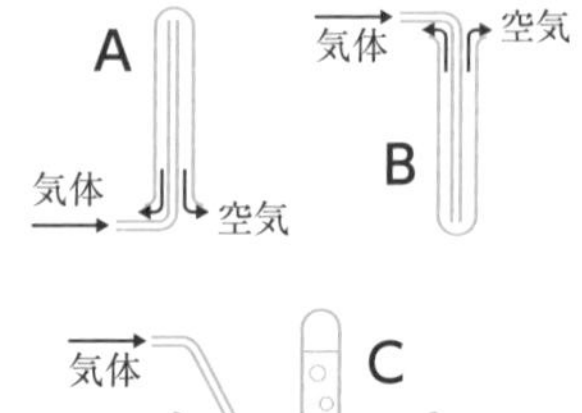

⑥ アンモニアを集めるには，右のA～Cのどれを使いますか。

〔　　〕

いろいろな物質

知っトク　金属に共通の性質
・みがくと金属光沢が出る。
・熱や電気をよく通す。
・引っ張ると長くのび(延性)，たたくとうすく広がる(展性)。
［注意］鉄は磁石につくが，銅は磁石につかない。

知っトク
有機物…炭素を含む物質。砂糖，プラスチックなど。燃えると二酸化炭素が発生。

よくでる
密度〔g/cm³〕

$$= \frac{物質の質量〔g〕}{物質の体積〔cm^3〕}$$

水より密度が小さいものは水に浮く。

身近な気体

知っトク
空気より密度が小さい…水素，アンモニア
水によく溶ける…アンモニア，塩素，塩化水素
刺激臭がある…アンモニア，塩素，塩化水素，硫化水素

注意!　気体を集める方法の選び方

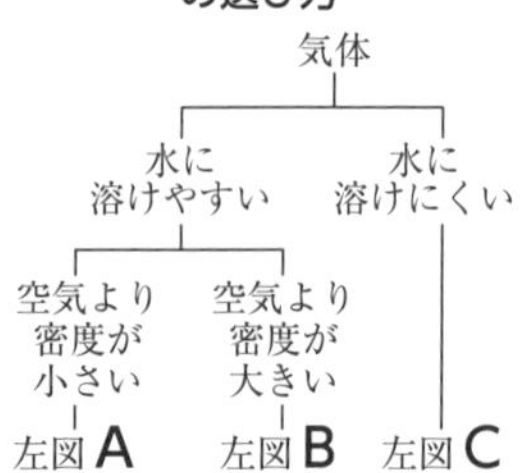

3 水溶液

⑦ 砂糖20gを水80gに溶かした砂糖の水溶液があります。この水溶液のa質量とb質量パーセント濃度を答えなさい。

a〔　　　　〕 b〔　　　　〕

⑧ 60℃の水100gに硝酸カリウムを何g溶かすと，飽和水溶液ができますか。右のグラフを参考に，およその質量を10g単位で答えなさい。

〔　　　　〕

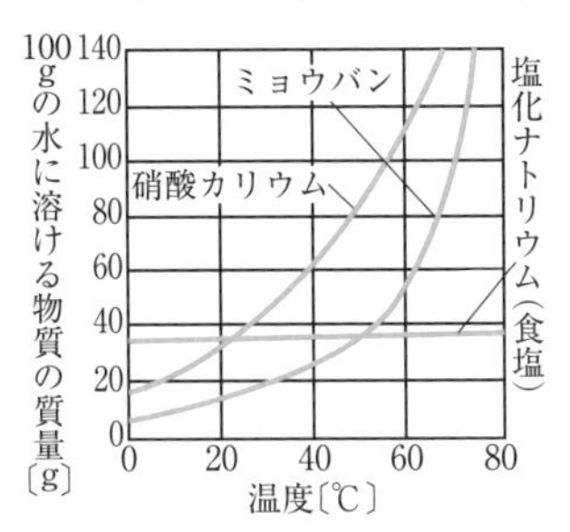

⑨ ⑧の飽和水溶液を10℃まで冷やすと，固体の硝酸カリウムが何g出てきますか。10g単位で答えなさい。

〔　　　　〕

⑩ 固体の物質をいったん水に溶かし，再び結晶としてとり出すことを何といいますか。

〔　　　　〕

4 状態変化

⑪ a液体→固体，b液体→気体に状態変化させるには，加熱・冷却のどちらをしますか。

a〔　　　　〕 b〔　　　　〕

⑫ 物質が状態変化をするとき，質量・体積は変化しますか。

質量〔　　　　〕

体積〔　　　　〕

⑬ 粒子と粒子の間隔が大きく，粒子が空間を自由に飛び回っているのは，固体・液体・気体のどのときですか。

〔　　　　〕

⑭ 純粋な物質を加熱すると，a固体がとけ始めてからすべて液体になるまでとb液体が沸騰し始めてからすべて気体になるまでは，温度が一定です。a・bのときの温度を何といいますか。

a〔　　　　〕 b〔　　　　〕

⑮ 水とエタノールの混合物を加熱するとき，先に気体になるのはおもに水とエタノールのどちらですか。

〔　　　　〕

⑯ 液体を沸騰させ，出てくる気体を冷やし，再び液体にして集める方法を何といいますか。

〔　　　　〕

水溶液

知っトク

溶質…溶けている物質。
　例：砂糖水の砂糖
溶媒…溶かしている液体。
　例：砂糖水の水

よくでる

質量パーセント濃度〔%〕

$$=\frac{溶質の質量〔g〕}{溶液の質量〔g〕}\times 100$$

分母が溶液の質量であることに注意！

注意！

再結晶には，Ⓐ水溶液の温度を下げる方法とⒷ水溶液を蒸発させる方法がある。塩化ナトリウム（食塩）のように，温度が変わっても溶解度がほとんど変化しない物質には，Ⓐは使えない。

状態変化

資料 状態変化と加熱・冷却

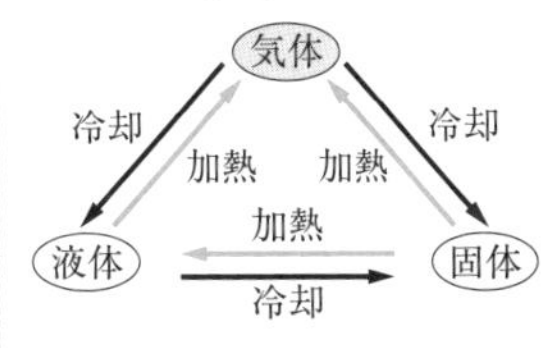

注意！

一般に，固体→液体→気体と状態変化するにつれて，体積が大きくなる。
ただし，氷がとけるときは例外で，体積が小さくなる。

知っトク 氷を加熱したときの温度変化

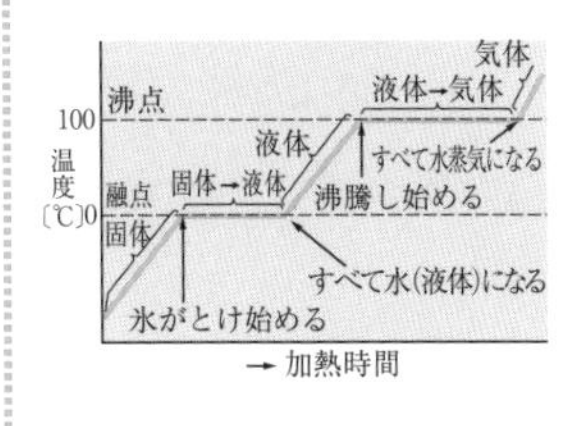

身のまわりの物質

得点
／100点

基礎力確認テスト

解答➡別冊解答3ページ

1 純粋な金属でできている71.1gのネジを，水50.0cm^3の入った100cm^3用メスシリンダーに入れたら，全体が水に沈み，水面が**図1**のようになった。**図2**は，同様にして，純粋な金属**A**～**D**の質量と体積を調べ，グラフにまとめたものである。［6点×4］〈徳島・改〉

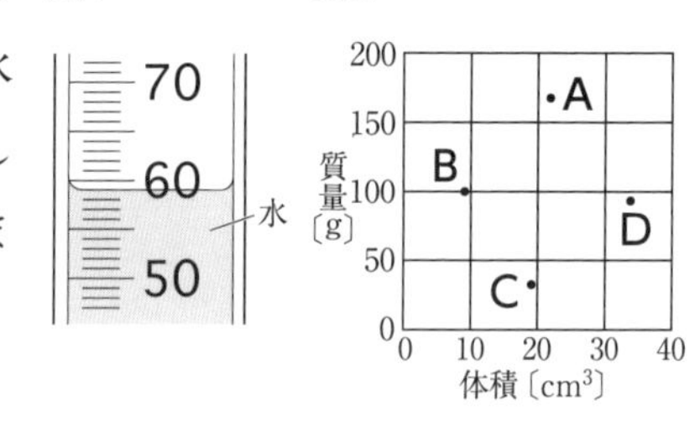

(1) ネジの体積は何cm^3か。また，密度は何g/cm^3か。

体積（　　　　　）密度（　　　　　）

(2) **図2**の金属**A**～**D**のうち，ネジと同じ金属はどれか。

（　　　　　）

(3) 銀の密度は10.50g/cm^3である。銀100cm^3の質量は何gか。

（　　　　　）

2 右の図の装置を用いて水素を発生させ，試験管に集めた。［6点×3］〈沖縄〉

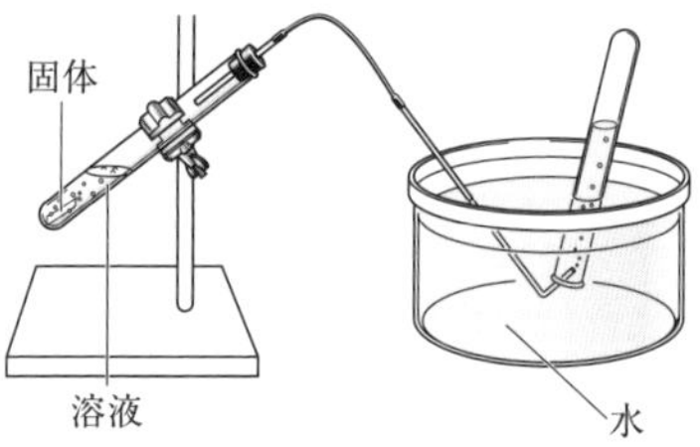

(1) 次の文の（　）に適する語句を答えなさい。

①（　　　　　）　②（　　　　　）

ガラス管からはじめに出てくる気体には（　①　）が含まれているので，純粋な水素を得るために，気体発生後しばらくしてから試験管に集める。また，発生する水素は水に溶けにくいため，（　②　）置換法で集める。

固体
溶液
水

(2) 水素を発生させるために用いる固体と溶液の組み合わせを，次の**ア**～**エ**から選べ。

（　　　　　）

ア　スチールウールとうすいアンモニア水　**イ**　石灰石とうすい塩酸

ウ　二酸化マンガンとうすい過酸化水素水　**エ**　マグネシウムリボンとうすい塩酸

3 エタノールと水の混合物から，右の図のような装置でエタノールをとり出すことができる。［5点×2］〈岩手・改〉

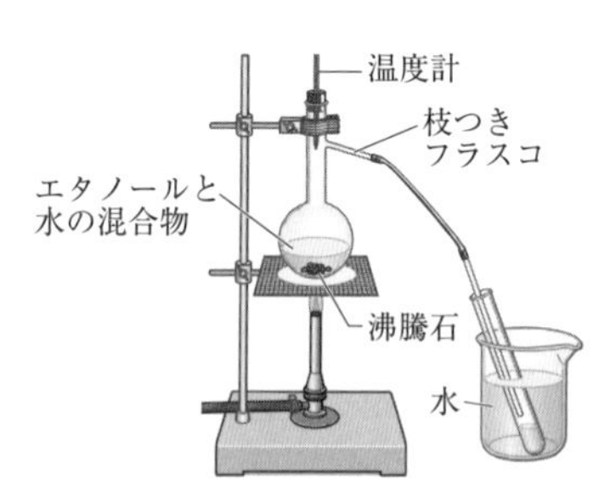

(1) この方法では，水とエタノールの何の違いを利用しているか。「質量」のような1語で答えなさい。

（　　　　　）

(2) 混合物の中に沸騰石が入れてあるのは，何のためか。

（　　　　　　　　　　　　　　）

4 物質の水への溶け方を調べるために，次の実験を行った。［6点×4］〈栃木〉

実験①　ビーカーに水 100g と硝酸カリウム 60g を入れてかき混ぜたところ，溶け残った。

実験②　ビーカー内の水溶液をかき混ぜながら加熱して 50℃にした。このとき，硝酸カリウムはすべて溶けていた。その後，50℃のまま，水溶液を静かに置いておいた。

実験③　ビーカー内の水溶液を 20℃まで冷やした。このとき，ビーカー内に硝酸カリウムの結晶が出ていた。20℃のまま，ろ過して，結晶と水溶液を分けた。

右のグラフは，硝酸カリウムと塩化ナトリウムについて，水溶液の温度と溶ける質量の関係を示している。

(1) 実験②の下線部のときの，硝酸カリウムがすべて溶けているようすのモデルを，次の**ア**～**エ**から選べ。　(　　　)

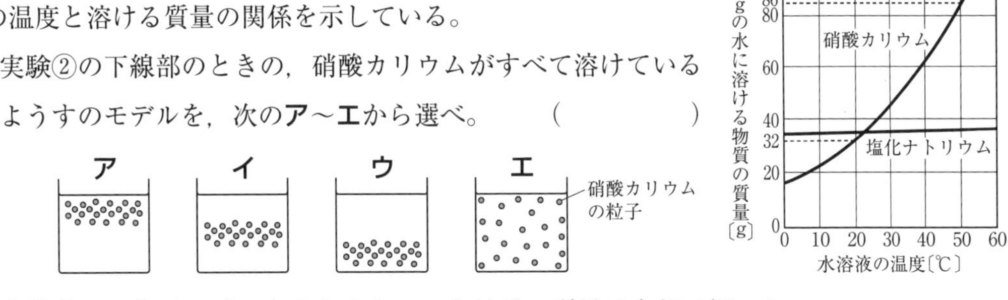

(2) 実験③で 20℃まで冷やしたとき出ていた結晶の質量は全部で何 g か。

(　　　)

(3) 実験③の下線部の水溶液の質量パーセント濃度を，小数第1位を四捨五入し答えなさい。

(　　　)

(4) この実験のように，水溶液の温度を下げて水溶液から結晶をとり出す方法は，塩化ナトリウムには適さない。その理由を，上のグラフを参考にして簡潔に書きなさい。

(　　　)

5 右のグラフは，水を氷の状態から加熱したときの温度変化を模式的に表している。［6点×4］〈山梨〉

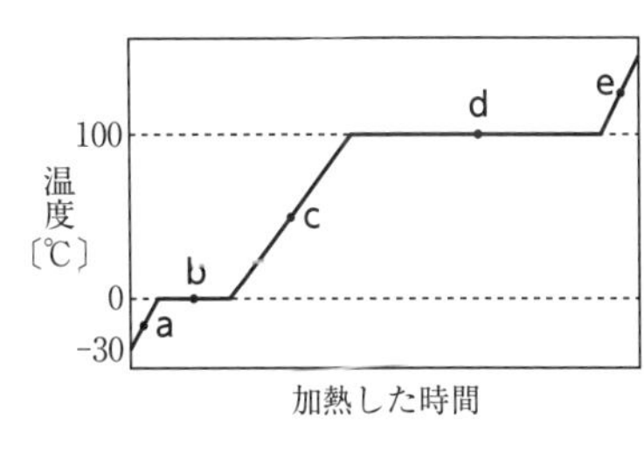

(1) b 点の前後では，0℃で温度が一定になっている。このときの温度を何というか。

(　　　)

(2) d 点で，水はどのような状態か。次の**ア**～**ウ**から選びなさい。　(　　　)

ア　固体と液体　　**イ**　液体と気体　　**ウ**　固体と気体

(3) 右の X～Z は，固体・液体・気体における，物質をつくる粒子の運動のようすを模式的に表している。a 点，c 点，e 点での水の粒子に当てはまるものを1つずつ選びなさい。

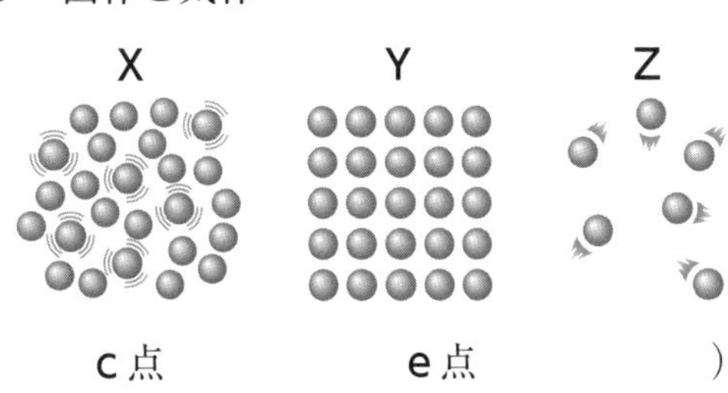

(a 点　　　c 点　　　e 点　　　)

(4) 一般に，固体を同じ物質の液体に入れると，固体が沈む。しかし，氷を水(液体)に入れると，氷が浮く。氷が水に浮く理由を，「体積」「密度」の2語を用いて書きなさい。

(　　　)

電流

学習日　　月　　日

基礎問題

解答 ➲ 別冊解答4ページ

1 回路の電流・電圧・抵抗

① 電流の大きさは，電気器具を通る前後で変化しますか。

〔　　　　　　　〕

② 電流計・電圧計は回路の測定する部分にどうつなぎますか。

電流計〔　　　　つなぎ〕　電圧計〔　　　　つなぎ〕

③ 図1・図2の回路を何といいますか。

図1〔　　　　　　〕

図2〔　　　　　　〕

図1

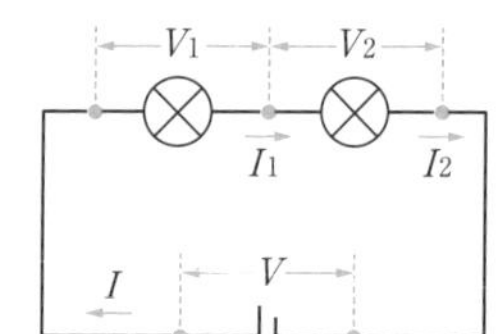

④ 図1・図2の回路で，電流 I・I_1・I_2 の間の関係を式に表しなさい。

図1〔 $I=$　　　　　〕

図2〔 $I=$　　　　　〕

図2

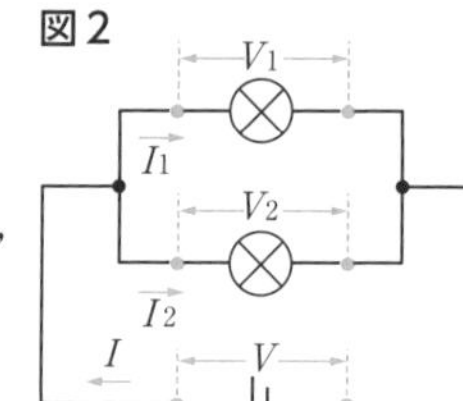

⑤ 図2の回路で，I が5A，I_1 が2Aのとき，I_2 は何Aですか。

〔　　　　〕

⑥ 図1・図2の回路で，電圧 V・V_1・V_2 の間の関係を式に表しなさい。

図1〔 $V=$　　　　　〕　図2〔 $V=$　　　　　〕

⑦ 図1の回路で，V が10V，V_1 が2Vのとき，V_2 は何Vですか。

〔　　　　〕

⑧ 電熱線(抵抗器)の抵抗 R〔Ω〕，電熱線に加える電圧 V〔V〕，流れる電流 I〔A〕の間の関係を式に表しなさい。

〔 $V=$　　　　　〕

⑨ 図3の電圧 V，図4の電流 I，図5の抵抗 R を求めなさい。

図3の V〔　　　　〕

図4の I〔　　　　〕

図5の R〔　　　　〕

回路の電流・電圧・抵抗

知っトク　おもな電気用図記号

直流電源（長いほうが+）　電熱線（抵抗器）

電球　スイッチ

電流計　電圧計

知っトク

導線(金属)の中には，－の電気をもつ粒子(電子)がたくさんあり，自由に動き回っている。電圧が加わると，この電子が電源の－極から＋極に向かっていっせいに移動する。これが電流の正体である。

よくでる

オームの法則…電熱線(抵抗器)を流れる電流は，電熱線に加わる電圧に比例。

電圧 V〔V〕＝抵抗 R〔Ω〕×電流 I〔A〕

電流 I〔A〕＝ $\dfrac{電圧 V〔V〕}{抵抗 R〔Ω〕}$

抵抗 R〔Ω〕＝ $\dfrac{電圧 V〔V〕}{電流 I〔A〕}$

注意！

上の関係式の電流の単位はアンペア〔A〕。ミリアンペア〔mA〕は，まず〔A〕に直して計算する。

2 電気エネルギー

⑩ 電気器具が消費する電力〔W〕を，電気器具に加わる電圧〔V〕と流れる電流〔A〕から求める式を書きなさい。

〔電力〔W〕＝　　　　　　　　　　〕

⑪ 100V の電圧で８A の電流が流れるエアコンが消費する電力は何Wですか。

〔　　　　　〕

⑫ 電熱線の発熱量〔J〕を，電熱線が消費する電力〔W〕と電流を流した時間〔s〕から求める式を書きなさい。

〔発熱量〔J〕＝　　　　　　　　　　〕

⑬ 50W の電力を消費する電熱線に１分間電流を流したとき，電熱線の発熱量は何Jですか。　〔　　　　　〕

3 電流と磁界

⑭ 図１のとき，電流によって導線のまわりにできる磁界の向きは，**ア・イ**のどちらですか。

〔　　　　〕

図１

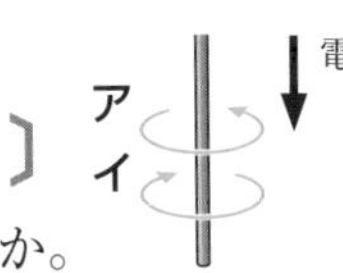

⑮ 図２のとき，磁界の向きは**ア・イ**のどちらですか。

〔　　　　〕

図２

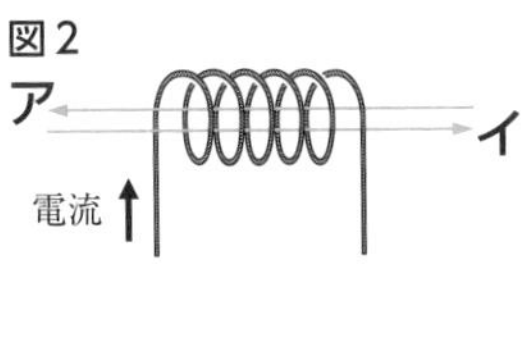

⑯ 電流によってできる磁界の強さは，電流が大きいほどどうなりますか。

〔　　　　　　　　〕

⑰ 図３のように，磁界の中を流れる電流は磁界から力を受けます。その力は，次のようにすると，どう変わりますか。

図３

力の向き
N
S
電流の向き
磁界の向き

a　電流の向きを逆にする。

〔　　　　　　　　　〕

b　電流を大きくする。

〔　　　　　　　　　〕

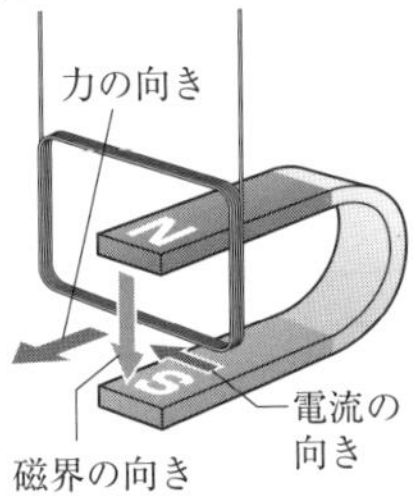

⑱ 図４のようにすると，コイルに電流が流れます。この現象を何といいますか。

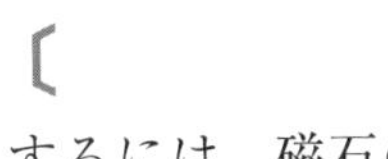
〔　　　　　　　〕

⑲ ⑱で流れる電流を大きくするには，磁石の動かし方をどう変えればいいですか。

〔　　　　　　　　〕

図４

電気エネルギー

知っトク

電力…電気器具がはたらく（例えば，電球が光を出す）ために１秒間に消費する電気エネルギー。

電力量…電気器具をある時間使ったとき，電気器具が消費した電気エネルギーの総量。

電力量〔J〕＝電力〔W〕×使った時間〔s〕

注意！

発熱量や電力量を求める式の時間の単位は〔s〕。「分」は「秒」に直して計算。

電流と磁界

知っトク

磁界…磁石の力がはたらく空間。

磁界の向き…磁針のN極が指す向き。

参考

導線のまわりの磁界の向き

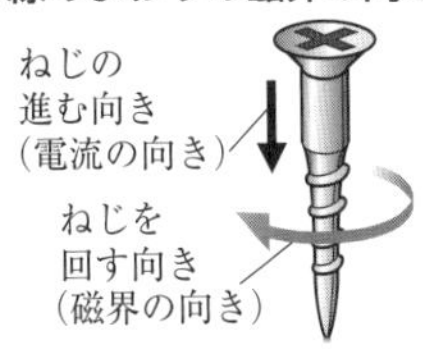

コイルのまわりの磁界の向き

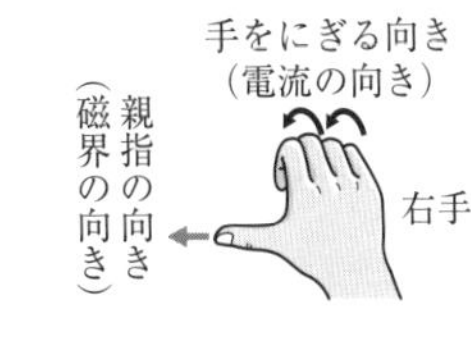

よくでる

誘導電流の向きは，
- N極を近づけるときと遠ざけるときでは逆。
- N極を近づけるときとS極を近づけるときとでは逆。

誘導電流を大きくするには，
- コイルの巻数を多くする。
- コイルの中の磁界の変化を速くする。

電流

得点　／100点

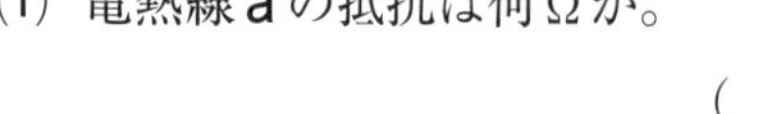

基礎力確認テスト

解答➡別冊解答4ページ

1 図1のように，電熱線aと抵抗が35Ωの電熱線bで回路をつくり，aの電圧と電流を調べた。表はその結果である。［7点×4］〈新潟〉

図1

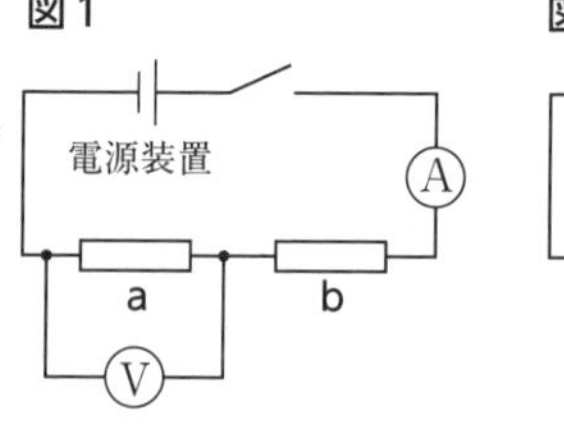

図2

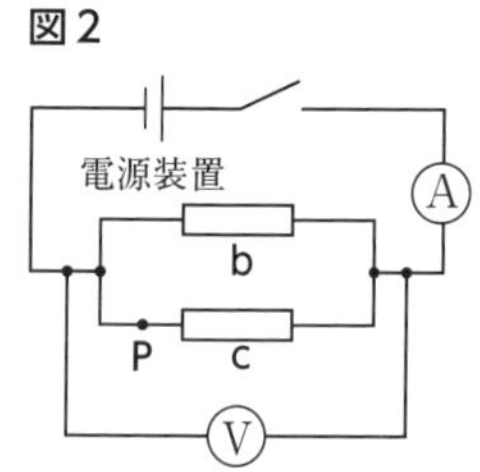

電圧〔V〕	0	2.0	3.0	4.0	6.0
電流〔mA〕	0	80	120	160	240

(1) 電熱線aの抵抗は何Ωか。

（　　　　）

(2) 図1の電圧計が7.0Vを示しているとき，電熱線bに加わる電圧は何Vか。

（　　　　）

(3) 次に，図2のように，電熱線bとcで回路をつくり，スイッチを入れたところ，電圧計は1.4Vを，電流計は120mAを示した。このとき回路のP点を流れる電流は何mAか。

（　　　　）

(4) 図1，図2のそれぞれの回路のスイッチを入れ，電流計がいずれも180mAを示すように電源装置を調整した。このとき消費電力が最も大きい電熱線は，次のア～エのどれか。

ア　図1の電熱線a　　**イ**　図1の電熱線b　　（　　　　）

ウ　図2の電熱線b　　**エ**　図2の電熱線c

2 抵抗が4Ωの電熱線aと2Ωの電熱線bで，次の実験を行った。いずれの場合も，電圧計が6Vを示すように電源装置を調整してある。［6点×4］〈栃木・改〉

図1　図2

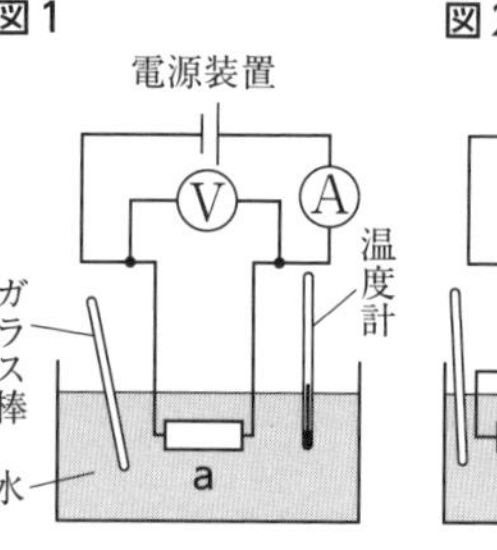

① くみ置きの水100gを熱の伝わりにくい容器に入れ，図1のように，回路に接続した電熱線aを水に入れて電流を流した。そして，ガラス棒でかき混ぜながら，2分ごとに10分間，水の温度を測定した。

② ①では，10分後の水の上昇温度が12℃であった。右のグラフは，電流を流し始めてからの時間と水の上昇温度との関係を示している。

③ 図2のように，電熱線aとbを直列に接続して，①と同様の条件で，10分間，水の温度を測定した。

図3

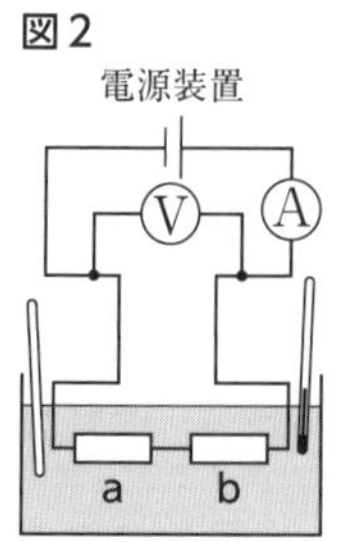

(1) 実験の①において，電熱線aに流れる電流は何Aか。また，電熱線aが消費する電力は何Wか。

電流（　　　　）　電力（　　　　）

⑵ 実験の①と同じことを，電熱線 a のかわりに b を用いて行うと，電流を流し始めてからの時間と水の上昇温度の関係を表すグラフはどのようになるか。**図3**にかき加えなさい。

⑶ 実験の③において，10 分後の水の上昇温度は何℃になるか。　（　　　　　）

3 図１のように，導線をつないだアルミニウム棒ＰＱをＵ字形磁石の磁界の中に水平につり下げ，電圧を加えて電流を矢印の向きに流したところ，アルミニウム棒が(Ｐ側から見て)図２の位置で静止した。［8点×3］〈鹿児島・改〉

図1

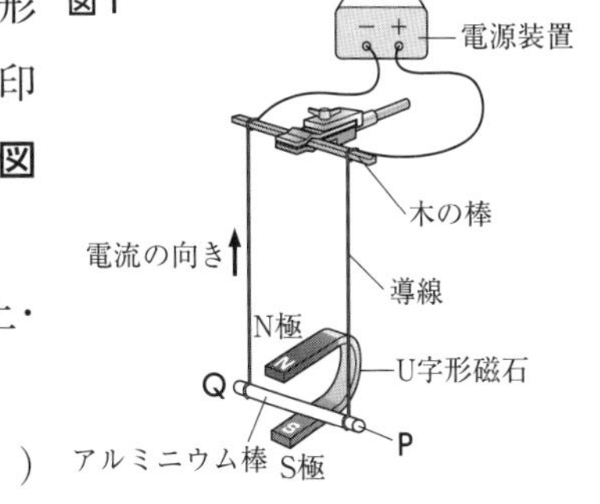
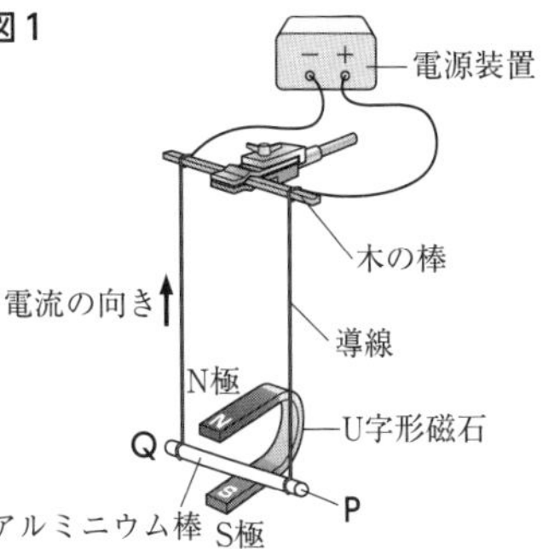

⑴ この実験について述べた次の文の(　　)に入るのは，上・下・左・右のどれか。

（①　　　　　②　　　　　）

図2において，磁石によるアルミニウム棒近くの磁界の向きは（　①　）向きである。この磁界によって，アルミニウム棒に流れる電流に（　②　）向きの力がはたらくことが分かる。

図2

⑵ **図1**のＵ字形磁石の上下を逆転(Ｎ極を下，Ｓ極を上に)し，さらに電流の向きを逆にして実験すると，アルミニウム棒に流れる電流にどんな向きの力がはたらくか。上・下・左・右のいずれかで答えなさい。（　　　　）

⑶ **図1**のアルミニウム棒をガラス棒にとりかえ，はじめの実験と同じ電圧を加えると，ガラス棒の位置は，電圧を加える前と比べてどうなるか。理由をつけて答えなさい。

（　　　　　　　　　　　　　　　　　　　　　　　）

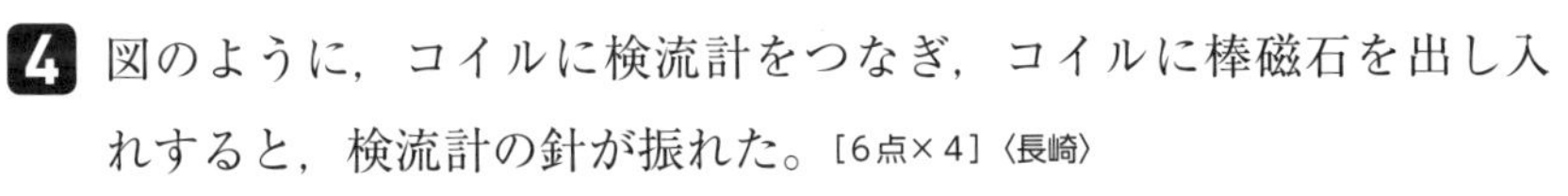

4 図のように，コイルに検流計をつなぎ，コイルに棒磁石を出し入れすると，検流計の針が振れた。［6点×4］〈長崎〉

⑴ このとき流れる電流を何というか。

（　　　　　）

⑵ 検流計の針の振れ方を，次の**ア**～**エ**から１つ選べ。

（　　　）

ア　棒磁石のＮ極を入れるときと出すときでは，針の振れる向きは逆である。

イ　棒磁石のＮ極を入れるときとＳ極を入れるときで，針の振れる向きは同じである。

ウ　棒磁石を入れたままにすると，針は振れたままの状態で止まる。

エ　棒磁石を動かさず，コイルを棒磁石に近づけるとき，針は振れない。

⑶ 次の文は，検流計の針の振れを大きくする方法を述べている。(　　)に当てはまる語句を答えなさい。

①（　　　　　）②（　　　　　）

針の振れは，棒磁石の磁力が強いと大きい。同じ棒磁石の場合，出し入れする速さを（　①　）すると大きくなる。また，コイルの巻数を（　②　）すると大きくなる。

原子・分子と化学変化

学習日　　月　　日

基礎問題

解答➡別冊解答5ページ

1 原子と分子

① 次の原子の元素記号を書きなさい。

酸素〔　　〕 炭素〔　　〕 水素〔　　〕

② 分子をつくらない単体や化合物の化学式を書きなさい。

銅〔　　〕 塩化銅〔　　〕

酸化銅〔　　〕 硫化銅〔　　〕

鉄〔　　〕 硫化鉄〔　　〕

銀〔　　〕 酸化銀〔　　〕

③ 分子をつくる単体の化学式を書きなさい。

酸素〔　　〕 水素〔　　〕

④ 分子をつくる化合物の化学式を書きなさい。

二酸化炭素〔　　〕 水〔　　〕

アンモニア〔　　〕

2 いろいろな化学変化

⑤ 炭酸水素ナトリウムを加熱すると，液体Aと気体Bが生じ，炭酸ナトリウムが残ります。AとBの物質名を答えなさい。

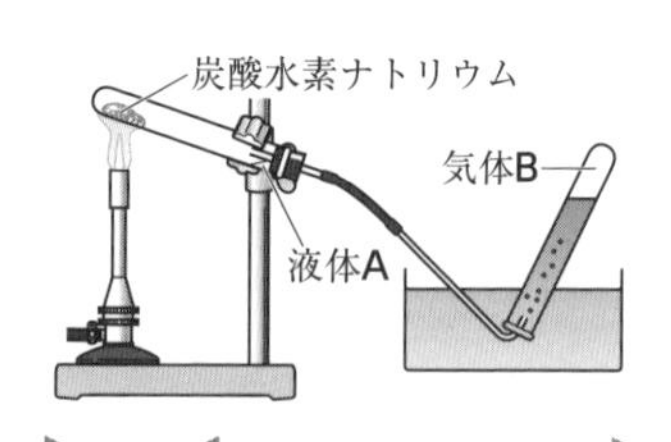

A〔　　〕 B〔　　〕

⑥ 鉄 Fe と硫黄 S の混合物を加熱すると硫化鉄 FeS ができます。 鉄 ＋ 硫黄 → 硫化鉄
この化学変化を化学反応式で表しなさい。

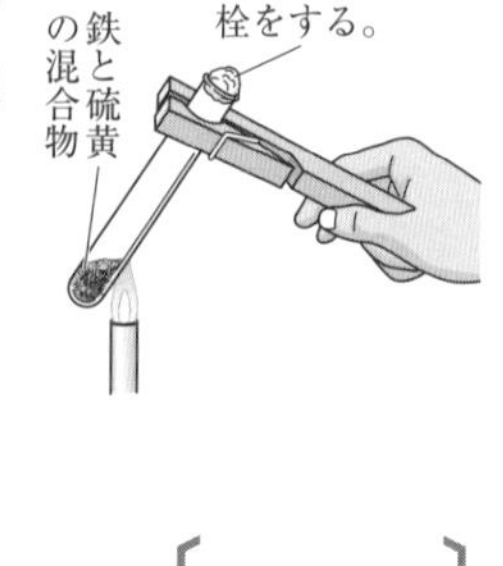

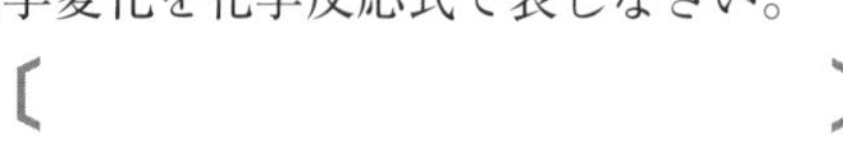

〔　　〕

⑦ ⑤のように1種類の物質が2種類以上の物質に分かれる化学変化を何といいますか。

〔　　〕

原子と分子

知っトク 原子の性質

- 化学変化では，それ以上分割できない。
- 化学変化では，新しくできたり，なくなったり，種類が変わったりしない。
- 種類ごとに質量や大きさが決まっている。

資料

いろいろな化学変化

知っトク 化学反応式の書き方

① 矢印の左側に反応前の物質，右側に反応後の物質を化学式で書く。

② 化学変化では原子そのものは変化しないので，矢印の左右で原子の種類と数が同じになるように，化学式に係数をつけて調整する。

よくでる

化学変化では，原子の種類と数は変わらず，原子の結びつき方が変わる。

- 炭酸水素ナトリウムの分解
  $2NaHCO_3 \rightarrow Na_2CO_3 + H_2O + CO_2$
- 水の分解
  $2H_2O \rightarrow 2H_2 + O_2$

⑧ 銅 Cu は赤色ですが，空気中で加熱すると，黒色の酸化銅 CuO に変わります。この化学変化を化学反応式で表しなさい。

〔　　　　　　　　　　　　　　〕

⑨ 酸化銅を炭素と混ぜて加熱すると，石灰水を白くにごらせる気体Aが発生し，赤色の固体Bが残ります。AとBの物質名を答えなさい。

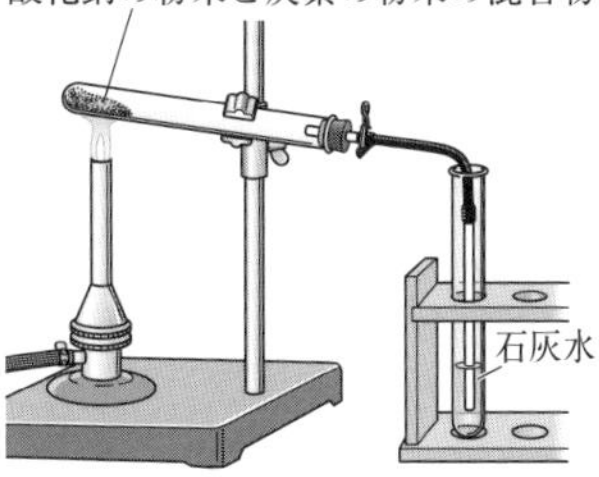

A〔　　　　　　　〕
B〔　　　　　　　〕

⑩ ⑨の化学変化を化学反応式で表しなさい。

〔　　　　　　　　　　　　　　〕

⑪ ⑧で銅に起こったような ${}_{a}$物質が酸素と結びつく化学変化，⑨で酸化銅に起こったような ${}_{b}$物質(酸化物)から酸素がとり除かれる化学変化を何といいますか。

a〔　　　　　　〕
b〔　　　　　　〕

⑫ 燃焼のように ${}_{a}$熱が発生する化学変化を何といいますか。また，逆に，${}_{b}$熱が吸収される化学変化を何といいますか。

a〔　　　　　　〕
b〔　　　　　　〕

3 化学変化と質量

⑬ マグネシウム 0.6g を図の装置で加熱すると，酸化マグネシウムが 1.0g できます。このとき，マグネシウム 0.6g は何 g の酸素と結びつきましたか。

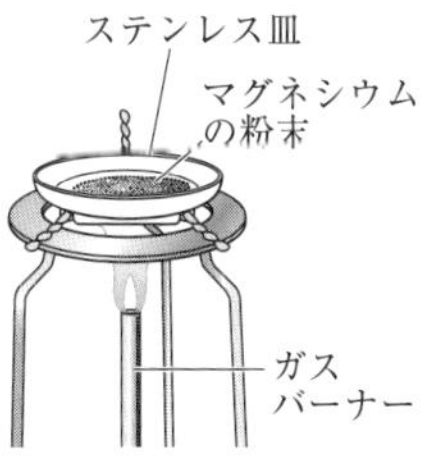

〔　　　　　〕

⑭ 右のグラフは，いろいろな質量のマグネシウムが何 g の酸素と結びつくか調べた結果です。マグネシウムの質量が 2 倍になると，結びつく酸素の質量は何倍になりますか。〔　　　　　〕

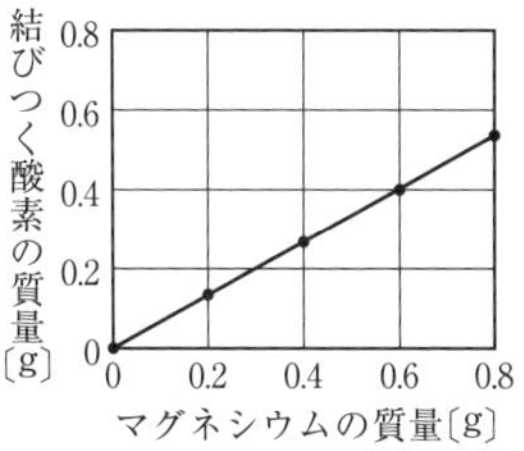

⑮ マグネシウムと酸素が結びつくときの質量の比を，最も簡単な整数の比で答えなさい。

マグネシウム：酸素＝〔　　　　　　〕

知っトク

酸化…物質が酸素と結びつく化学変化。酸化のうち，激しく熱と光を出して進むものを燃焼という。
酸化物…酸化の結果できる，酸素を含む化合物。
還元…酸化物から酸素がとり除かれる化学変化。

よくでる 炭素による酸化銅の還元

還元（$CuO \rightarrow Cu$）
$$2CuO + C \rightarrow 2Cu + CO_2$$
酸化（$C \rightarrow CO_2$）

酸素は銅よりも炭素と結びつきやすいので，炭素が酸化銅から酸素をうばう。

資料

発熱反応の例
・鉄の酸化(化学かいろに利用)
・燃焼(炊事などに利用)
吸熱反応の例
・水酸化バリウムと塩化アンモニウムの反応

化学変化と質量

よくでる 質量保存の法則

化学変化の前後で，物質全体の質量は変化しない。
・マグネシウムと酸素が過不足なく結びついたとき，マグネシウムの質量＋結びついた酸素の質量＝酸化マグネシウムの質量

よくでる 結びつく物質の質量の比

一方の物質の質量が2倍・3倍になると，相手の質量も2倍・3倍になる(比例の関係)。したがって，2つの物質の質量の比が一定。
・銅と酸素…質量比4：1
・マグネシウムと酸素…質量比3：2

原子・分子と化学変化

得点　／100点

基礎力確認テスト

解答➡別冊解答5ページ

1 図1のように，炭酸水素ナトリウムを乾いた試験管Aに入れて加熱し，ガラス管から気体が出始めたところで，試験管B，Cの順に，この気体を集めた。

その後，図2のように，試験管Cに石灰水を入れてよく振ったところ，a石灰水が白くにごった。さらに，図3のように，加熱後の試験管Aの口の部分に見られた液体に塩化コバルト紙をつけたところ，b塩化コバルト紙が青色から赤色（桃色）に変化した。

また，加熱後の試験管に残った固体は炭酸ナトリウム Na_2CO_3 であった。［8点×4］〈静岡〉

図1

炭酸水素ナトリウム　試験管A　水の入った水そう　試験管B　ガラス管　ゴム栓　試験管C

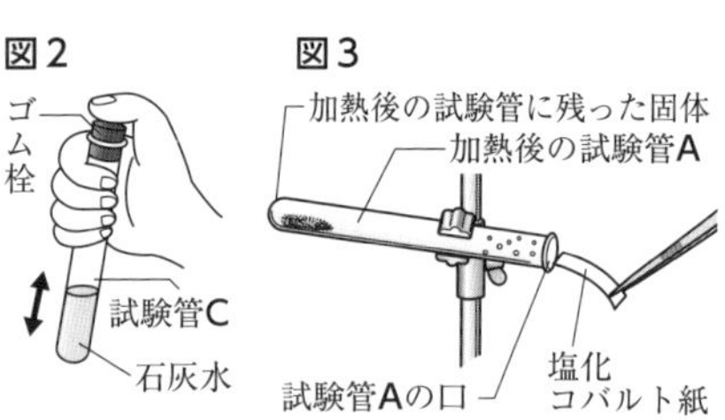

(1) 生じた気体の性質を調べるためには，試験管Bに集めた気体は用いるべきでない。その理由を，解答欄の書き出しに続けて書きなさい。

（試験管Bに集めた気体は　　　　　　　　　　　　　　　　　　　　　）

(2) 次の化学反応式は，炭酸水素ナトリウム $NaHCO_3$ の加熱によって起こった化学変化を表そうとしたものである。（ a ）に下線部aからわかる物質の化学式，（ b ）に下線部bからわかる物質の化学式を補い，化学反応式を完成しなさい。

a（　　　　　）　b（　　　　　）

$$2NaHCO_3 \rightarrow Na_2CO_3 + (\ a\ ) + (\ b\ )$$

(3) 物質の変化には，化学変化や状態変化がある。化学変化は，状態変化とどのように違うか。「原子」「物質」の２語を用い，解答欄の書き出しに続けて，簡潔に書きなさい。

（化学変化では　　　　　　　　　　　　　　　　　　　　　）

2 かたく丸めたスチールウールの質量を測ったあと，図のようにガスバーナーでよく加熱した。十分に冷めてから，加熱時に飛び散った物質片も含めて，加熱後の物質の質量を測定したら，加熱前のスチールウールより増加していた。［7点×2］〈和歌山・改〉

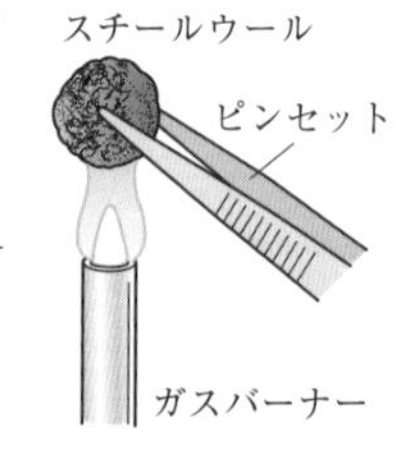

(1) 質量が下線部のようになったのはなぜか。理由を簡潔に書きなさい。

（　　　　　　　　　　　　　　　　　　　　　）

(2) 次のア～エの物質を空気中で加熱するとき，加熱後に残る固体の物質の質量が，加熱前より増えるものをすべて選べ。（　　　　）

ア 銅　**イ** 酸化銀　**ウ** マグネシウム　**エ** 炭酸水素ナトリウム

3 図のように，ビーカーにうすい塩酸10.00gを電子てんびんで測りとり，石灰石を静かに加えると，二酸化炭素が発生した。二酸化炭素が発生しなくなったあと，反応後のビーカー内の物質の質量を電子てんびんで測った。うすい塩酸10.00gに加える石灰石の質量をいろいろに変えて調べたところ，結果は上の表のようになった。〔7点×2〕〈長崎〉

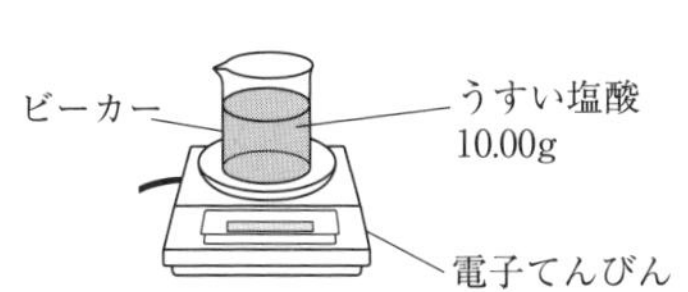

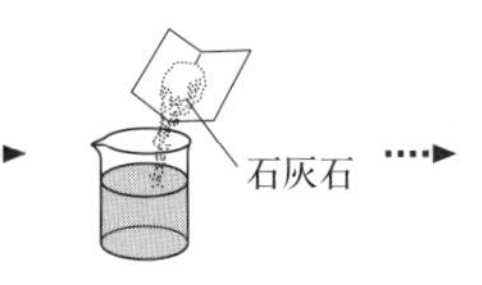

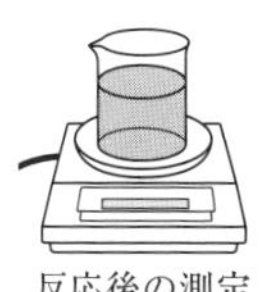

うすい塩酸の質量〔g〕	10.0	10.0	10.0	10.0	10.0	10.0	10.0
加えた石灰石の質量〔g〕	0.50	1.00	1.50	2.00	2.50	3.00	3.50
反応後のビーカー内の物質の質量〔g〕	10.28	10.56	10.84	11.12	11.62	12.12	12.62

(1) 加えた石灰石の質量と，発生した二酸化炭素の質量をグラフに表すと，右のようになる。Xの値を求めなさい。

(　　　　　)

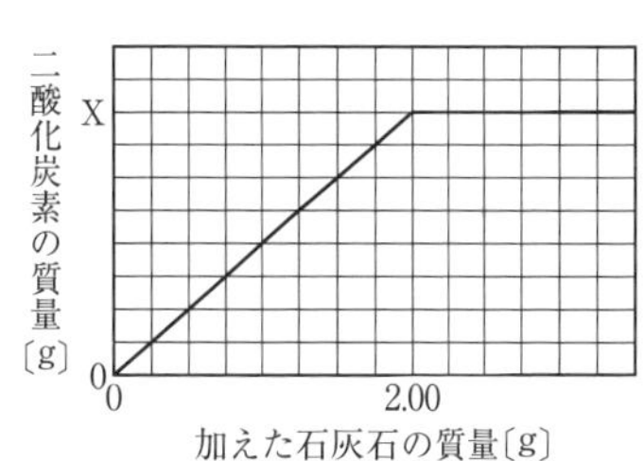

(2) グラフからわかるように，2.00g以上の石灰石を加えても，二酸化炭素の発生量が増加せず，一定になる。その理由を簡潔に書きなさい。

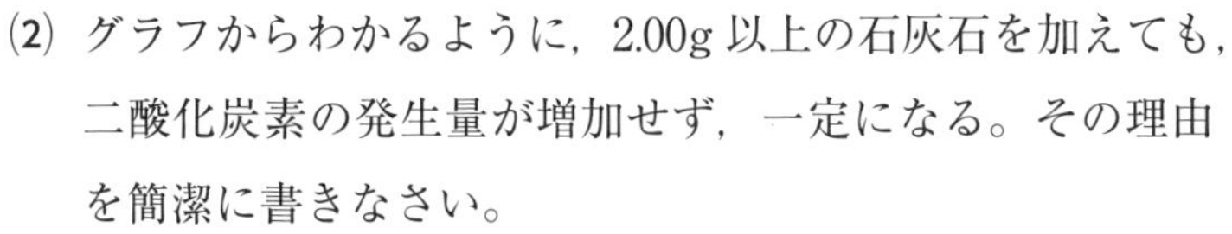

(　　　　　　　　　　　　　　　　　　　　　　　　　　　　)

4 右のグラフは，いろいろな質量の銅粉を空気中で十分に加熱し，できる酸化銅の質量を調べた結果である。〔8点×5〕〈大分・改〉

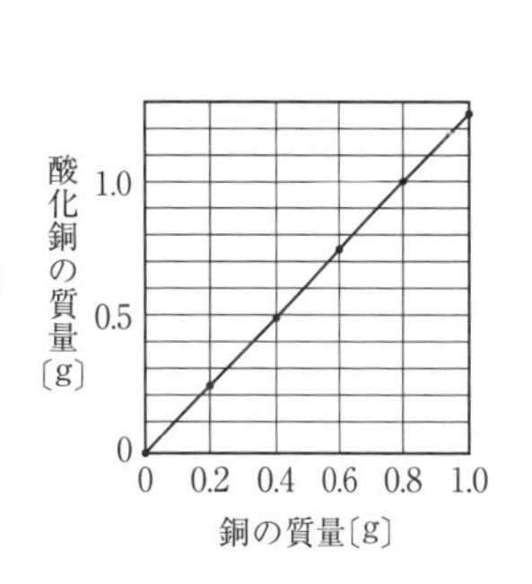

(1) 銅の質量と酸化銅の質量の比を，最も簡単な整数の比で答えなさい。　　銅：酸化銅＝(　　　　)

(2) 酸化銅4.00gと炭素0.50gをよく混ぜて試験管に入れ，図のようにして加熱すると，気体が発生し，石灰水が白くにごった。<u>酸化銅がすべて還元され</u>，気体の発生が止まったところで，ガラス管を石灰水から抜いて，火を消し，ピンチコックでゴム管を閉じた。試験管が冷えてから，試験管に残った物質の質量を調べたら，3.40gであった。

酸化銅と炭素の混合物　ピンチコック　石灰水

① この方法で酸化銅が還元できるのはなぜか。酸化銅以外の物質名を3つ用いて，簡潔に書きなさい。

(　　　　　　　　　　　　　　　　　　　　　　)

② 石灰水を白くにごらせる気体は，何g発生したか。

(　　　　)

③ 試験管に残った物質は，銅と炭素の混合物である。この混合物に含まれている銅は何gか。

(　　　　)

④ 酸化銅と混ぜた炭素0.50gのうちの何gが酸化されたか。

(　　　　)

運動・力・エネルギー

学習日　　月　　日

基礎問題

解答➡別冊解答6ページ

1 運動と力

① 上向き5Nの力と下向き2Nの力との合力は，どんな力ですか。

合力の向き〔　　　　〕 合力の大きさ〔　　　　〕

② 図1の力 F_1 と F_2 の合力 F を作図しなさい。

③ 図2の重力 W を，斜面に平行な向きの力 A と斜面に垂直な向きの力 B に分解しなさい。

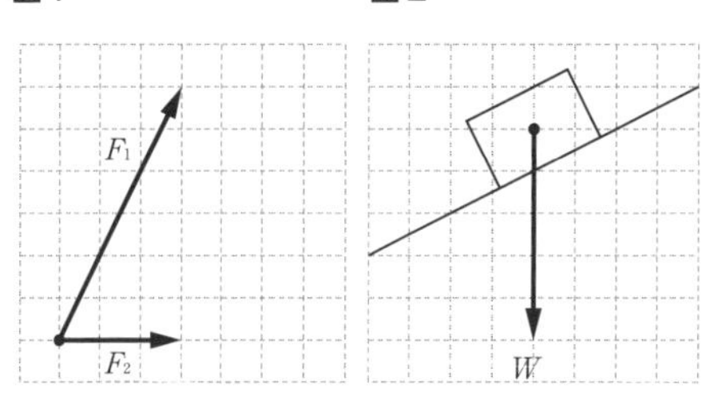

④ 水圧の大きさは，水深の深いところほど，どうなりますか。

〔　　　　〕

⑤ 図のように，物体を水に沈めると，ばねばかりの値が変化しました。Bのとき，物体が水から受けている力の名前と大きさを答えなさい。

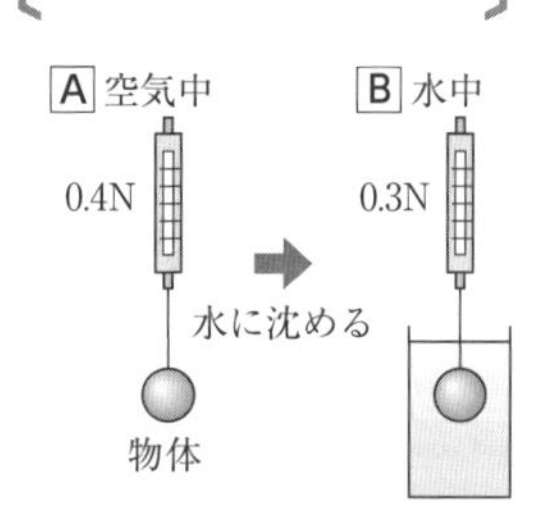

名前〔　　　　〕

大きさ〔　　　　〕

⑥ 台車が0.1秒間に2cm移動したとき，速さは何cm/sですか。

〔　　　　〕

⑦ 次のa～cの場合，運動の速さはどのようになりますか。

a　運動と同じ向きに力がはたらく。〔　　　　〕

b　運動と反対向きに力がはたらく。〔　　　　〕

c　力がはたらかない。〔　　　　〕

⑧ 力は物体の運動のようす(速さや向き)を変えます。物体にはたらく力が大きくなると，運動のようすの変化は，次のア・イのどちらになりますか。〔　　〕

ア　急激になる。

イ　ゆるやかになる。

運動と力

知っトク

・一直線上にない2力の合力は，2力を2辺とする平行四辺形の対角線。

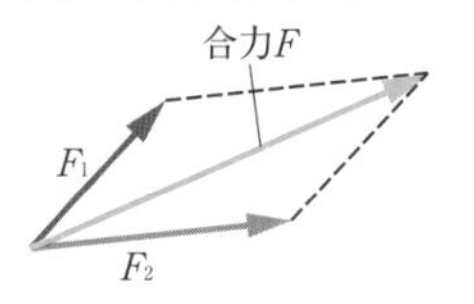

・分力は，もとの力を対角線とする平行四辺形の2辺。

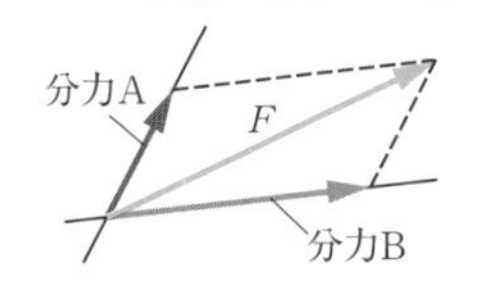

よくでる

・水圧…水の重さによる圧力なので，水の深さが深いほど大きくなる。

・浮力…水の深さには関係せず，水の中にある物体の体積が大きいほど大きくなる。

注意！

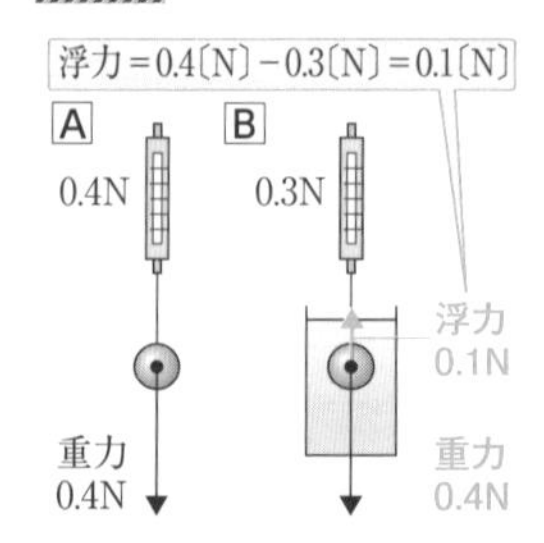

よくでる

$$\text{速さ〔m/s〕}=\frac{\text{移動距離〔m〕}}{\text{かかった時間〔s〕}}$$

⑨ 物体に力がはたらかないときや，はたらいている力がつり合っているとき，運動している物体はどのような運動を続けますか。運動の名前を答えなさい。　〔　　　　〕

2 運動とエネルギー

⑩ 重さ 10N の物体を真上に 4 m 持ち上げるときの仕事は何 J ですか。また，その仕事を 5 秒でしたとき，仕事率は何Wですか。

仕事〔　　　　〕　仕事率〔　　　　〕

⑪ 動滑車を使って物体を持ち上げる場合，直接手で行う場合と比べて，a 必要な力の大きさ，b 力を加えて動かす距離，c 必要な仕事がどうなりますか。「大きい」「小さい」「同じ」のいずれかで答えなさい。（動滑車の重さや摩擦は無視します。）

a〔　　　　〕　b〔　　　　〕　c〔　　　　〕

⑫ 右の図は，摩擦のない斜面を下る物体の位置を，一定の時間間隔でえがいたものです。物体が斜面を下るにつれて，物体の位置エネルギーはどうなりますか。

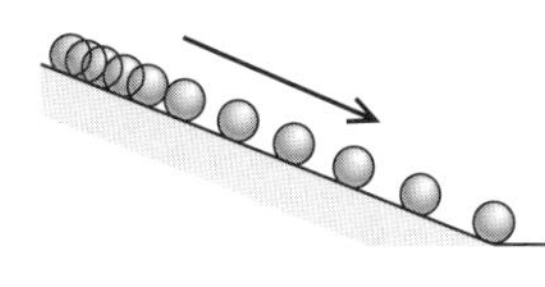

「増加」「減少」「一定」のどれかで答えなさい。　〔　　　　〕

⑬ ⑫のとき，物体の a 速さと b 運動エネルギーはどうなりますか。「増加」「減少」「一定」のどれかで答えなさい。

a〔　　　　〕　b〔　　　　〕

⑭ ⑫のように摩擦がない（空気の抵抗もない）とき，物体の位置エネルギーと運動エネルギーの和はどうなりますか。「増加」「減少」「一定」のどれかで答えなさい。　〔　　　　〕

⑮ 位置エネルギーと運動エネルギーの和を何といいますか。

〔　　　　〕

3 エネルギーの変換と保存

⑯ 電球に電流を流すと，光と熱が出ます。電気エネルギーは，電球によって何エネルギーに変換されますか。2つ答えなさい。

〔　　　　〕〔　　　　〕

⑰ ⑯で，変換後のエネルギーの総和は，もとの電気エネルギーに比べてどうなっていますか。　〔　　　　〕

⑱ 摩擦や空気の抵抗がある場合には，物体が斜面を下るにつれて，力学的エネルギーが減少し，何エネルギーが生じますか。

〔　　　　〕

運動とエネルギー

知っトク

仕事〔J〕＝加えた力の大きさ〔N〕×力の向きへの移動距離〔m〕

仕事率〔W〕＝ $\frac{全体の仕事〔J〕}{かかった時間〔s〕}$

よくでる

仕事の原理…ものを持ち上げる仕事の量は，持ち上げ方が違っても同じ。

てこで持ち上げる場合，力点に加える力は小さくてすむが，力点を押し動かす距離は長くなり，必要な仕事の量は変化しない。

資料 振り子の運動における力学的エネルギー保存の法則

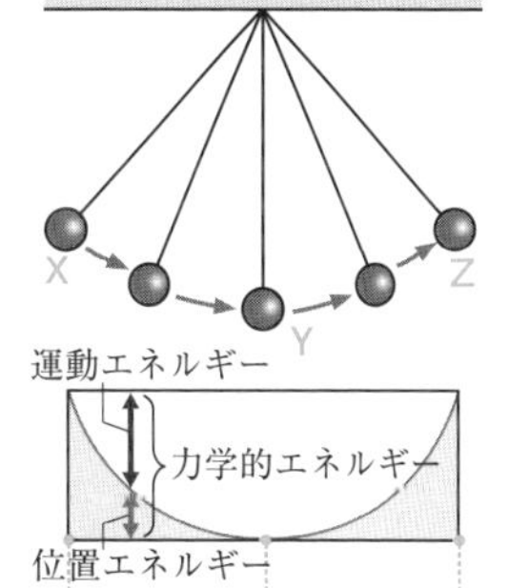

エネルギーの変換と保存

よくでる

エネルギーの変換…エネルギーはいろいろな姿に移り変わる。

［例］光電池では，光エネルギー→電気エネルギー

エネルギー保存の法則…エネルギーの変換が起こっても，エネルギーの総量は変化しない。

5日目 6日目 7日目 8日目 9日目 10日目 11日目 12日目 13日目 14日目

運動・力・エネルギー

得点　／100点

基礎力確認テスト

解答➡別冊解答6ページ

1 物体にはたらく浮力について調べた。ただし，糸の質量は無視できるものとする。〔6点×4〕〈愛知 A〉

①高さ 4.0cm，重さ 1.0N の物体**A**に糸をとり付け，底面が水平になるようにばねばかりにつるした。

②**図1**のように，ばねばかりにつるした物体**A**を，底面が水平になるようにビーカーの水面の位置に合わせた。

③底面が水面と平行な状態を保って，**図2**のように物体**A**の上面が水面の位置になるまで，ゆっくりと沈めた。このときの，水面から物体**A**の底面までの距離とばねばかりの示す値との関係を調べた。**図3**は，この結果をグラフに表したものである。

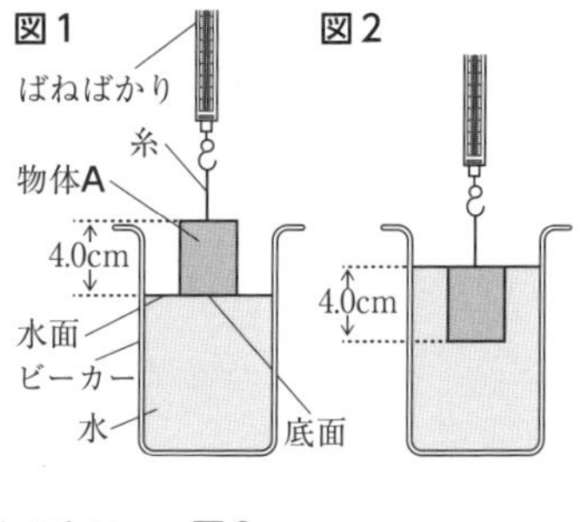

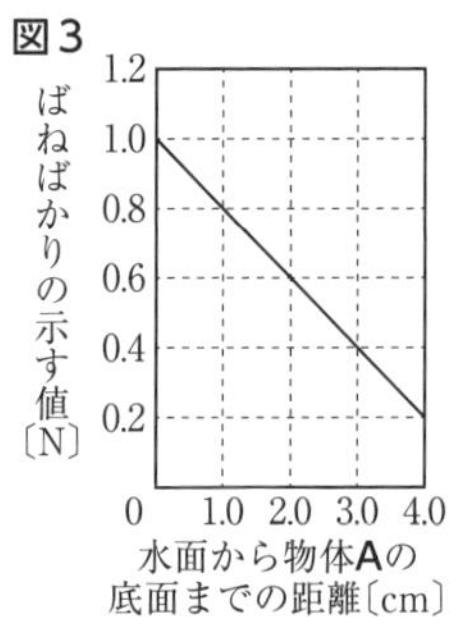

(1) 実験の③で，水面から物体**A**の底面までの距離が 1.0cm になったとき，物体**A**にはたらく浮力の大きさは何 N か，小数第 1 位まで求めなさい。　(　　　　)

(2) 次の文章中の(　Ⅰ　)には下の**ア**，**イ**のいずれかから，(　Ⅱ　)には**ウ**〜**オ**から，(　Ⅲ　)には**カ**〜**ク**から，それぞれ最も適当なものを選んで，記号を書きなさい。

Ⅰ(　　　　)　Ⅱ(　　　　)　Ⅲ(　　　　)

実験の③では，水面から物体**A**の底面までの距離が大きくなるほど，ばねばかりの示す値が小さくなった。これは，物体**A**の底面の位置が水面から深くなるほど，底面にはたらく水圧が(　Ⅰ　)なり，それに伴って物体**A**の受ける浮力が(　Ⅰ　)なるためである。**図2**の位置に物体**A**があるとき，物体**A**にはたらく重力と浮力の大きさを比べると，(　Ⅱ　)ため，その位置で物体**A**が静止した状態で糸を切ると，物体**A**は(　Ⅲ　)。

ア　大きく　　**イ**　小さく　　**ウ**　浮力のほうが大きい　　**エ**　重力のほうが大きい
オ　どちらも同じ大きさである　　**カ**　静止したままである　　**キ**　沈んでいく
ク　浮き上がる

2 図のように，水平に置いたエアトラック上で模型自動車を等速直線運動させた。右のグラフは，時間と模型自動車の移動距離との関係を表している。〔8点×2〕〈徳島・改〉

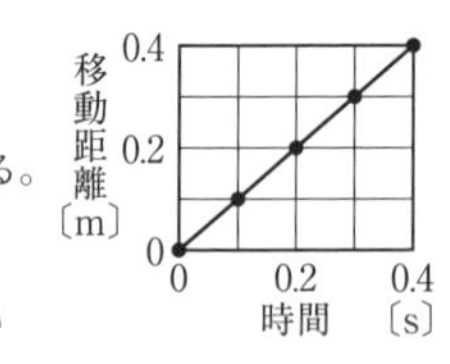

(1) 模型自動車の運動の速さは何 m/s か。グラフから求めなさい。　(　　　　)

(2) エアトラック上で等速直線運動をしている模型自動車には，どのような力がはたらいているか。上のア～エから，はたらいている力がすべて示されているものを選べ。図中の矢印は力を表している。（　　　）

ア 
イ 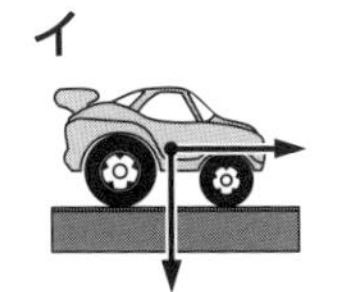
ウ 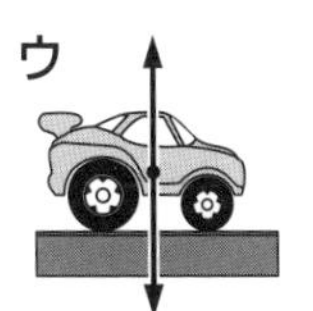
エ 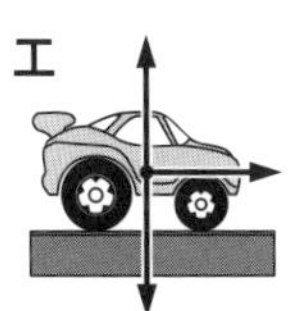

3 図１の振り子は，おもりの位置が点Ａと点Ｅで最も高くなり，点Ｃで最も低くなる。［5点×5］〈茨城〉

(1) おもりの速さが①最も大きくなる点と②最も小さくなる点を，図１のＡ～Ｅからすべて選べ。

①（　　　）②（　　　）

(2) おもりがちょうど点Ｅに達した瞬間に糸が切れたとすると，おもりはどの向きに運動するか。図２のア～エから選べ。

（　　　）

(3) (2)のようになる理由を，次のａ～ｄから選べ。（　　　）

ａ　おもりが動いてきた向きに運動するから。

ｂ　おもりは常に糸と反対の向きに離れようとするから。

ｃ　おもりの速さがゼロになり，重力の向きに落下するから。

ｄ　おもりにはたらく重力と糸がおもりを引く力がつり合うから。

(4) 図３のように，点Ｐにくぎを打ち，おもりを点Ｑで静かに離すと，おもりはどこまで上がるか。図３のア～エから選べ。（　　　）

図１

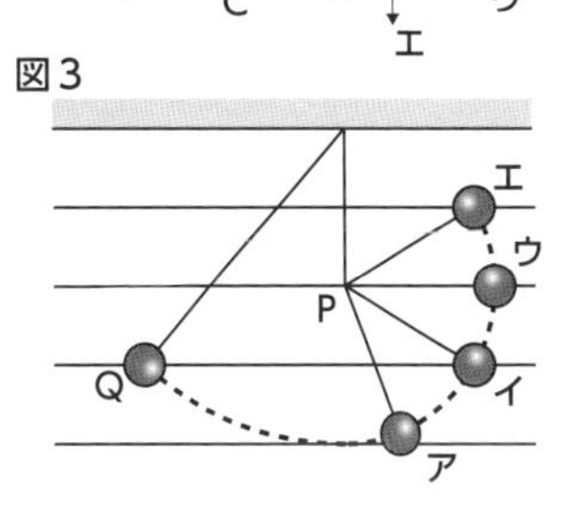

4 30kg の物体を２m 引き上げる仕事を，図１～３の方法で行った。質量100g の物体にはたらく重力の大きさを1N とし，滑車やロープの重さ，摩擦は考えない。［7点×5］〈沖縄・改〉

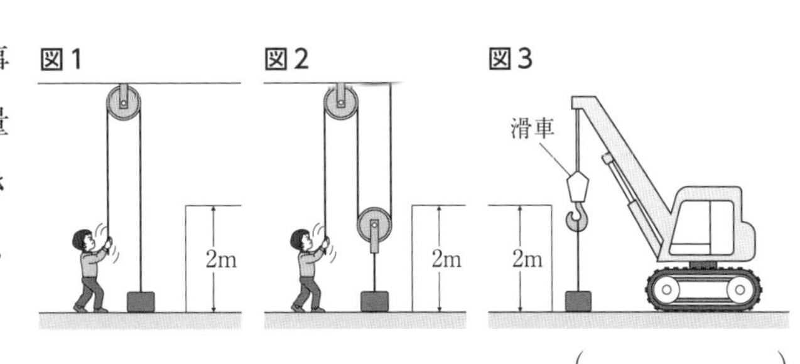

(1) 図１の人がした仕事は何Ｊか。（　　　）

(2) 図２のように動滑車を使うとき，人がロープを引く①力の大きさと②距離を求めなさい。

①（　　　）②（　　　）

(3) 図３のクレーンで持ち上げるのに５秒かかった。このときの仕事率を求めなさい。（　　　）

(4) 図３のクレーン車の滑車の構造を模式的に表すと，図４のように，動滑車と定滑車が４つずつ連結されている。クレーン車の巻き上げ機が引くロープの長さを求めなさい。（　　　）

図４

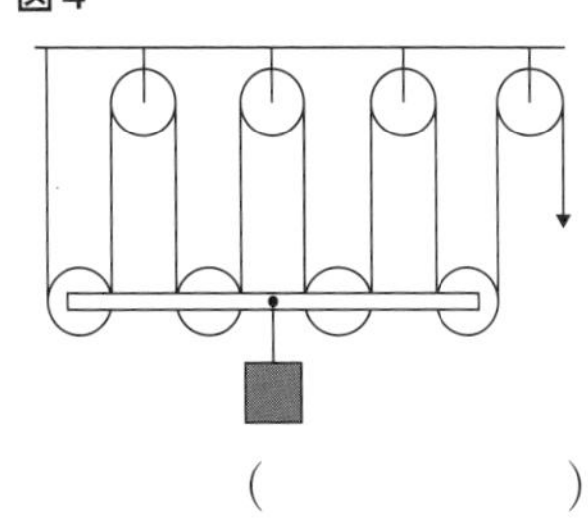

イオンと化学変化

学習日　　月　　日

基礎問題

解答➡別冊解答7ページ

1 イオンと電解質

① 原子をつくる原子核，電子はどんな電気をもっていますか。

原子核〔　　　の電気〕 電子〔　　　の電気〕

② 右のⒶのように a 原子が電子の一部を失った場合，逆にⒷのように原子が b 電子を得た場合，原子全体はどんな電気を帯びますか。

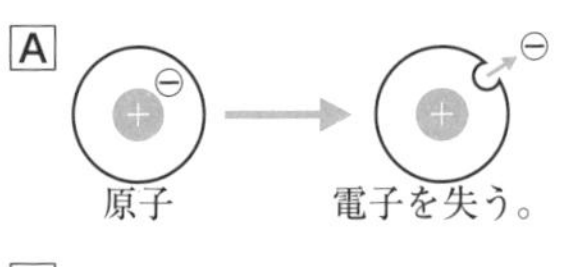

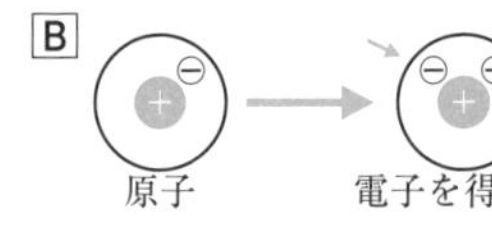

a〔　　　の電気〕
b〔　　　の電気〕

③ ②のa，bのようにして電気を帯びた原子を何といいますか。

a〔　　　　　〕 b〔　　　　　〕

④ 次のア～エから，水に溶けると電流が流れる物質を２つ選びなさい。〔　　と　　〕

ア 砂糖　**イ** 食塩　**ウ** 塩化水素　**エ** エタノール

⑤ ④の下線部の物質の水溶液に電流が流れるとき，水溶液の中を移動して電気を運ぶものは何ですか。〔　　　〕

⑥ ④の下線部の物質を一般に何といいますか。

〔　　　〕

⑦ 塩化銅 $CuCl_2$ が水に溶けてイオンに分かれる（電離する）ようすを式で表しなさい。

〔$CuCl_2 \rightarrow$　　　　〕

2 化学電池

⑧ 化学変化を利用して，物質のもつ化学エネルギーを電気エネルギーに変えてとり出す装置を何といいますか。〔　　　〕

⑨ 硫酸銅水溶液に亜鉛を入れると，溶けて表面に赤色の物質が付着します。銅と亜鉛では，どちらが陽イオンになりやすいですか。

〔　　　〕

イオンと電解質

参考　ヘリウム原子の構造

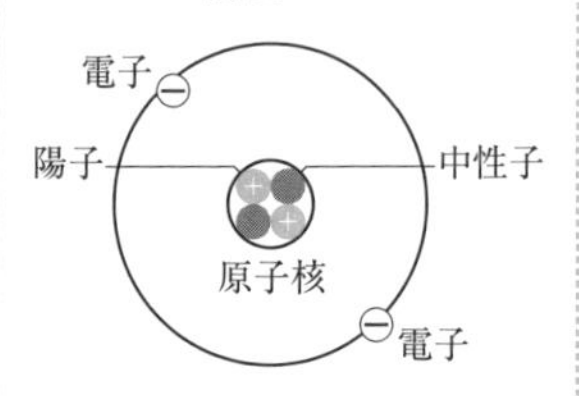

注意！

金属の中を電流が流れるときには，電子が移動して電気を運ぶ。電子は，水溶液の中を移動できない。

よくでる

塩化銅水溶液中には Cu^{2+} と Cl^- がある。電圧を加えると，陰極に銅 Cu が付着し，陽極から塩素 Cl_2 が発生。

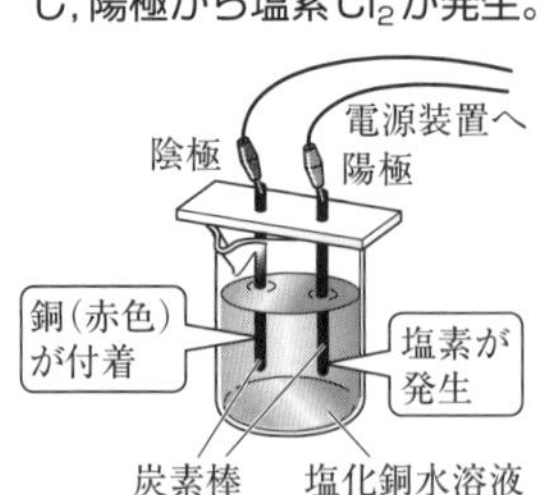

化学電池

知っトク

・電解質の水溶液に入れた金属が溶けるとき，金属は電子を放出して陽イオンになっている。
・Mg，Cu，Zn の陽イオンへのなりやすさは，
Mg ＞ Zn ＞ Cu

⑩ 右の図は，ダニエル電池のしくみを模式的に表したものです。亜鉛板と銅板のうち，電子を失う反応が起こるのはどちらですか。

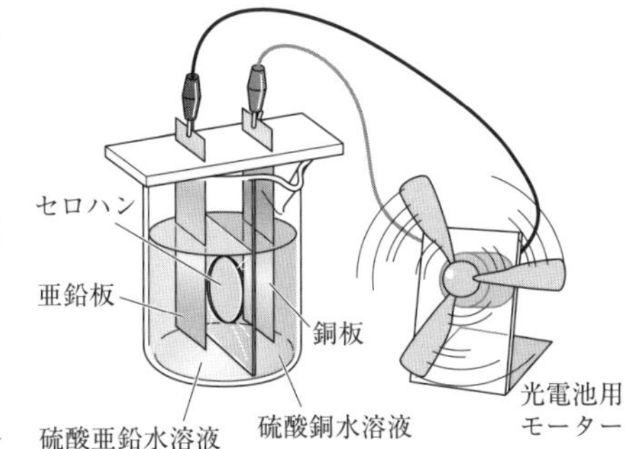

⑪ ⑩の電池の＋極は，亜鉛板，銅板のどちらですか。 〔　　　　〕

⑫ 次の**ア**～**エ**を，a一次電池とb二次電池に分類しなさい。

a〔　　　　〕 b〔　　　　〕

ア　マンガン乾電池　　**イ**　リチウムイオン電池

ウ　鉛蓄電池　　**エ**　アルカリ乾電池

3 酸とアルカリの反応

⑬ ＢＴＢ溶液は，a酸性，b中性，cアルカリ性で何色を示しますか。

a〔　　色〕 b〔　　色〕 c〔　　色〕

⑭ a酸性，bアルカリ性を示すのは，水溶液中に何イオンがあるからですか。それぞれのイオンの名前を答えなさい。

a〔　　　　〕

b〔　　　　〕

⑮ a塩化水素，b水酸化ナトリウムが電離するようすを，化学式を用いて表しなさい。

a〔 HCl → 　　　　〕

b〔 NaOH → 　　　　〕

⑯ 塩酸に水酸化ナトリウム水溶液を少しずつ加えていくと，混合液の性質がどう変化していきますか。

〔　　性→　　性→　　性〕

⑰ ⑯で塩酸の酸性が弱まっていくのは，a塩酸中の何イオンとb水酸化ナトリウム水溶液中の何イオンが結びついて，c何ができるからですか。化学式で答えなさい。

a〔　　〕 b〔　　〕 c〔　　〕

⑱ ⑯で中性になった水溶液を蒸発させると，あとに何が残りますか。a物質名とb化学式を答えなさい。

a〔　　　　〕

b〔　　　　〕

知っトク　ダニエル電池

・２種類の電解質の水溶液を，セロハン膜や素焼きの容器で区切っている。
・セロハン膜は，電流を流すために必要なイオンは通過させる。

－極での反応

$Zn \rightarrow Zn^{2+} + 2e^-$

＋極での反応

$Cu^{2+} + 2e^- \rightarrow Cu$

・電子は，亜鉛板から銅板へと移動するので，亜鉛板が－極，銅板が＋極。

注意！

電流の向きは，電子の移動の向きの逆。

酸とアルカリの反応

資料　試薬の色

	酸性	中性	アルカリ性
リトマス紙	青色→赤色	変化しない	赤色→青色
ＢＴＢ溶液	黄色	緑色	青色
フェノールフタレイン溶液	無色	無色	赤色

よくでる

塩酸と水酸化ナトリウム水溶液を混ぜて起こる反応

① 塩酸の水素イオンと水酸化ナトリウム水溶液の水酸化物イオンが結びついて水ができる。

$H^+ + OH^- \rightarrow H_2O$

この反応を中和という。

② 塩酸中の塩化物イオンと水酸化ナトリウム水溶液中のナトリウムイオンから塩化ナトリウム(水に溶けている)ができる。

$Na^+ + Cl^- \rightarrow NaCl$

イオンと化学変化

得点
／100点

基礎力確認テスト

解答➡別冊解答7ページ

1 図のように，塩化銅 $CuCl_2$ の水溶液に電極を入れて電流を流し，電気分解を行うと，一方の極にのみ，銅が付着した。他方の(銅が付着しなかった)極からは気体が発生した。

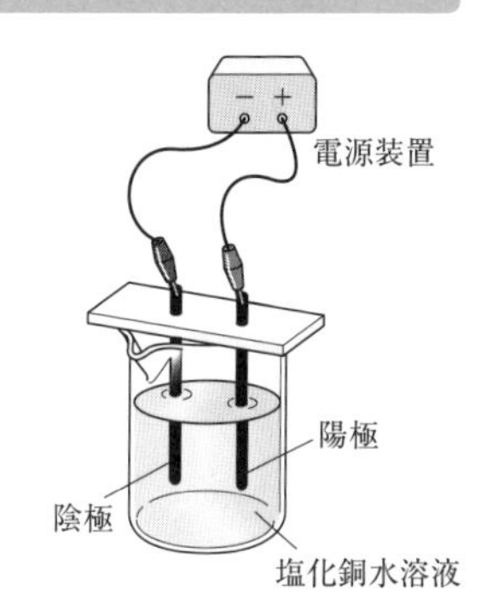

［7点×4］〈大阪〉

(1) 塩化銅水溶液中では，塩化銅が銅イオン(陽イオン)と塩化物イオン(陰イオン)とに分かれて存在している。塩化銅が銅イオンと塩化物イオンに分かれるように，物質が陽イオンと陰イオンに分かれることは何とよばれているか。

(　　　　　)

(2) 水溶液中に存在する銅イオンについて正しく述べているものを，次の**ア**～**エ**から選べ。

(　　　　)

ア　銅原子が陽子を２個受けとったものである。

イ　銅原子が陽子を２個放出した(失った)ものである。

ウ　銅原子が電子を２個受けとったものである。

エ　銅原子が電子を２個放出した(失った)ものである。

(3) 次の文中の〔　　〕から適切なものを１つずつ選べ。　①(　　　　)　②(　　　　)

図の実験において銅が付着したのは，①〔 **ア** 陽極　　**イ** 陰極 〕であり，銅が付着しなかった極から発生した気体は②〔 **ウ** 水素　　**エ** 塩素 〕であると考えられる。

2 ダニエル電池のしくみについて調べるため，右の図のように，セロハン膜で仕切ったビーカーに硫酸亜鉛水溶液と硫酸銅水溶液を入れ，硫酸亜鉛水溶液に亜鉛板，硫酸銅水溶液に銅板を入れて，光電池用モーターにつないだ。　［6点×7］〈オリジナル〉

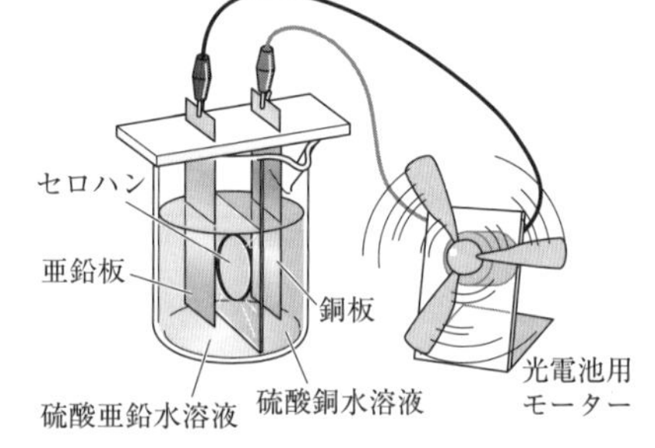

(1) 硫酸亜鉛や硫酸銅のように，水に溶かして水溶液にすると電流が流れる物質を何というか。その名称を書け。また，同じように水に溶けて電流が流れる物質を，次の**ア**～**エ**からすべて選び，記号を書け。

(名称　　　　　　　　記号　　　　　　)

ア　砂糖　　**イ**　水酸化ナトリウム　　**ウ**　塩化水素　　**エ**　エタノール

(2) 図のような電池は，物質のもつ何エネルギーを電気エネルギーに変換してとり出す装置か。

(　　　　　　　　)

(3) 亜鉛板と銅板で起こった化学変化を，化学式や電子を表す記号 e^- を使って表すとどのようになるか。次の式の(　　)に当てはまる化学式を書け。

①(　　　　　　) ②(　　　　　　)

亜鉛板：$Zn \rightarrow$ (①) + $2e^-$　　銅板：$Cu^{2+} + 2e^- \rightarrow$ (②)

(4) 亜鉛板と銅板のうち，＋極はどちらか。 (　　　　　　)

(5) 図の電池に電流が流れ続けたとき，硫酸亜鉛水溶液，硫酸銅水溶液の濃度はそれぞれどうなるか。簡単に書け。

硫酸亜鉛水溶液(　　　　　　　　　　)

硫酸銅水溶液　(　　　　　　　　　　)

3 うすい水酸化ナトリウム水溶液 $10cm^3$ をビーカーにとり，ＢＴＢ溶液を数滴加えたあと，図のように，うすい塩酸を少しずつ加えていった。表は，うすい塩酸を $5\,cm^3$ 加えるごとに，できた水溶液の色を記録したものである。［6点×5］〈三重・改〉

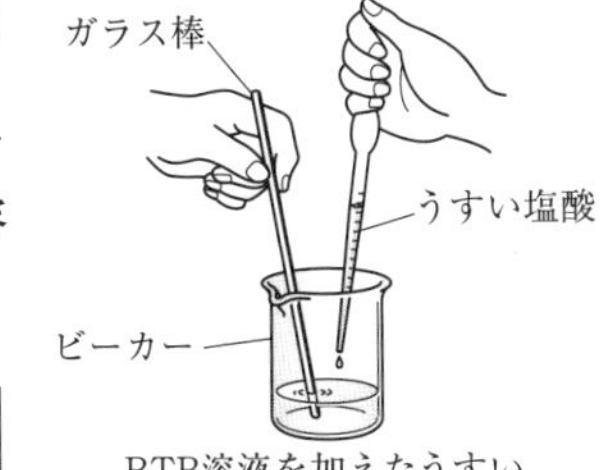

BTB溶液を加えたうすい水酸化ナトリウム水溶液

うすい塩酸の体積〔cm^3〕	0	5	10	15	20
できた水溶液の色	青色	うすい青色	緑色	うすい黄色	黄色

(1) うすい水酸化ナトリウム水溶液がＢＴＢ溶液を青色に変化させる原因となるイオンを何というか。名称を答えなさい。

(　　　　　　　　　)

(2) 塩酸を $10cm^3$ 加えたとき，水溶液は中性になった。この水溶液の pH の値を答えなさい。

(　　　　)

(3) 加えた塩酸の体積と，できた水溶液中の水素イオンの量との関係はどのようになるか。右の**ア**～**エ**から選べ。

(　　　　)

ア

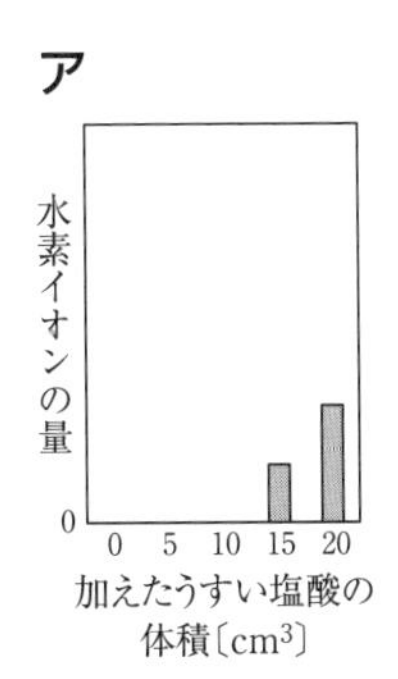

イ

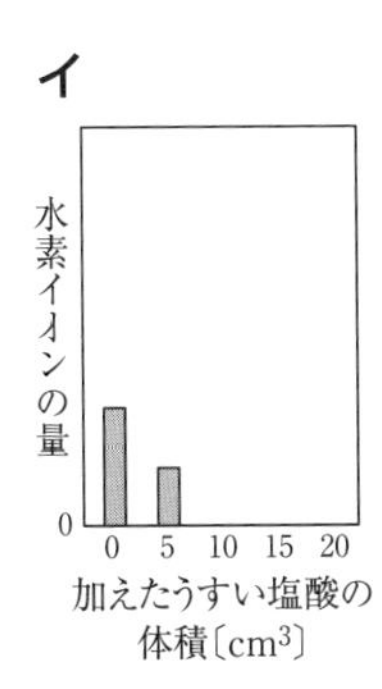

ウ

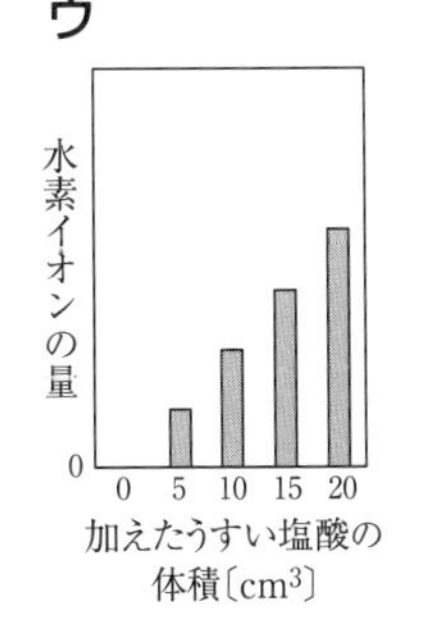

エ

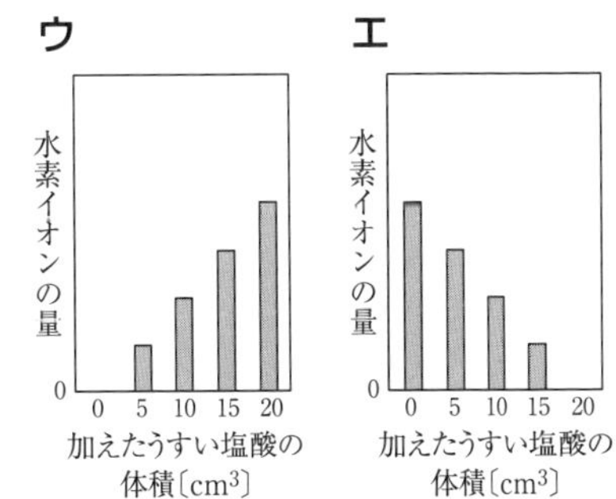

(4) 次に，うすい水酸化バリウム水溶液 $10cm^3$ を別のビーカーにとり，うすい硫酸 $10cm^3$ を加えると，白い沈殿ができた。

① うすい硫酸はどのように電離しているか。電離のようすを化学式で書きなさい。

($H_2SO_4 \rightarrow$　　　　　　　　　　)

② 下線部の白い沈殿は何か。化学式で答えなさい。 (　　　　　　)

7 日目 生物の特徴と分類

学習日　　月　　日

基礎問題

解答 ➡ 別冊解答8ページ

1 花のつくり

① 図1は，ある植物の花です。A，B，C（花粉がつくられるところ）を何といいますか。

図1

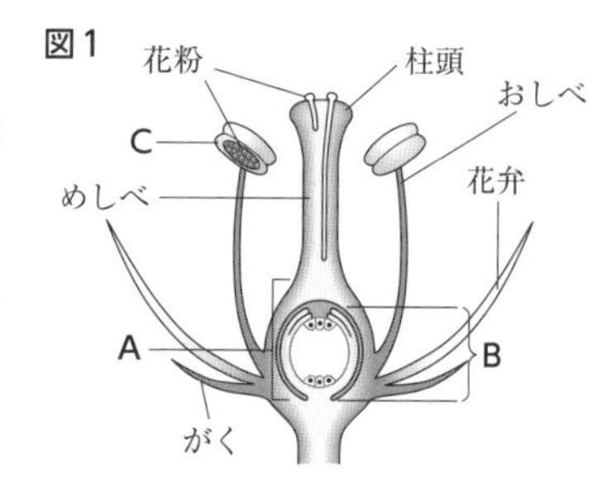

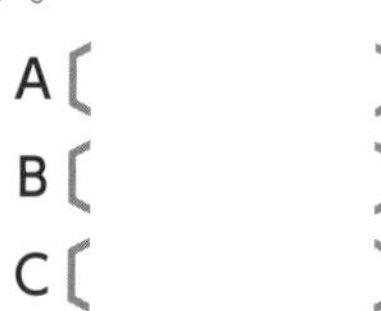

A〔　　　　　〕
B〔　　　　　〕
C〔　　　　　〕

② 花粉がめしべの柱頭につくことを何といいますか。

〔　　　　　〕

③ ②の後，A・Bは成長して何になりますか。

A〔　　　　　〕
B〔　　　　　〕

④ 図2のア・イはマツの花です。雌花はア・イのどちらですか。

〔　　　〕

図2

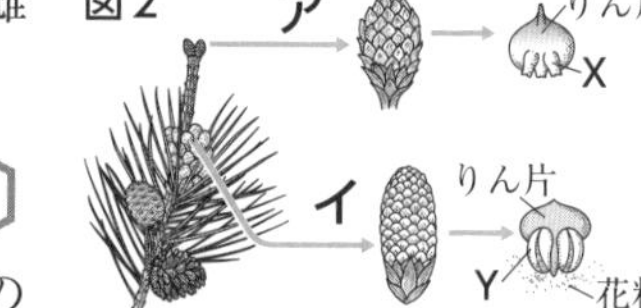

⑤ 図2のアのりん片にあるX，イのりん片にあるYを何といいますか。

X〔　　　　　〕　Y〔　　　　　〕

⑥ 成長して種子になる部分が，図1の花ではAの中にあり，図2の花ではむき出しです。それぞれを何植物といいますか。

図1〔　　　　　〕
図2〔　　　　　〕

2 植物の分類

⑦ 被子植物には，$_a$子葉が２枚のものと$_b$子葉が１枚のものがあります。a・bのなかまを何といいますか。

a〔　　　　　〕
b〔　　　　　〕

花のつくり

よくでる ルーペの使い方

1 できるだけ目に近づけて持つ。

2 観察するものを前後に動かしてよく見える位置を探す。

動かせないものを見るときは，ルーペを目に近づけて持って顔を前後に動かす。

知っトク 顕微鏡の倍率

接眼レンズの倍率
　×対物レンズの倍率

知っトク 花のはたらき

花には，種子をつくってなかまをふやす（子孫を残す）はたらきがある。

注意！

受粉のあと成長して，
胚珠　→　種子
子房　→　果実
裸子植物には子房がないので，果実はできない。

植物の分類

資料 種子をつくる植物（種子植物）の分類

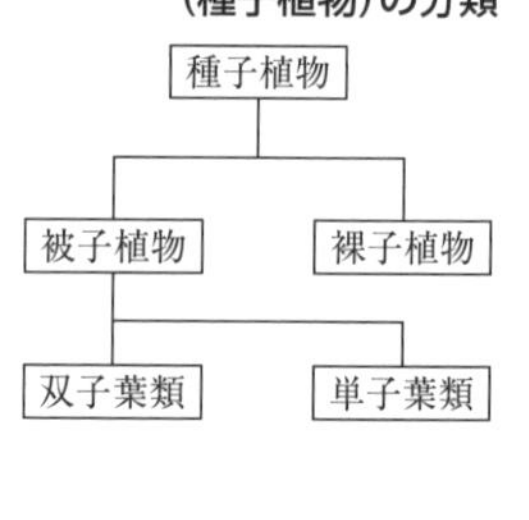

⑧ 右の表から，⑦の a に当てはまる特徴を3つ選びなさい。

〔　　　　　〕

葉脈のようす	茎の維管束	根のようす
平行脈 ア 	輪の形にならぶ カ 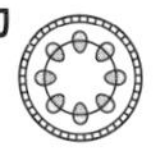	ひげ根 サ 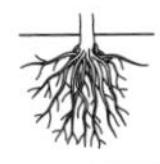
網状脈 イ 	散らばっている キ 	主根と側根 シ 

⑨ 右下の図のXやYのような植物は，種子ではなく，何をつくってふえますか。

〔　　　　　〕

⑩ 右の図のXには根・茎・葉の区別があり，Yにはありません。X・Yのなかまを何植物といいますか。

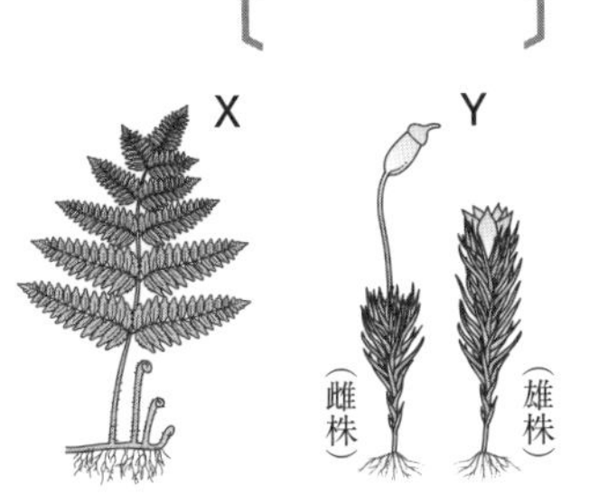

X〔　　　　　〕

Y〔　　　　　〕

3 動物の分類

⑪ 右の表はセキツイ動物の分類です。セキツイ動物とは何をもつ動物ですか。

〔　　　　　〕

分類＼特徴	呼吸のしかた	体表	子のうまれ方	
A	えら	うろこ	卵生	殻のない卵を水中にうむ
B	子はXと皮膚 親は肺と皮膚	しめった皮膚		
C	肺	うろこやこうら		殻のある卵を陸上にうむ
D		羽毛		
E		毛	Y	

⑫ 表のA～Eに入る分類名を答えなさい。

A〔　　　　　〕 B〔　　　　　〕

C〔　　　　　〕 D〔　　　　　〕

E〔　　　　　〕

⑬ 表のX，Yに当てはまる語句を答えなさい。

X〔　　　　　〕 Y〔　　　　　〕

⑭ アサリ，バッタ，エビ，ミミズのような，背骨をもたない動物を何といいますか。

〔　　　　　〕

P　出水管　あし　えら　入水管

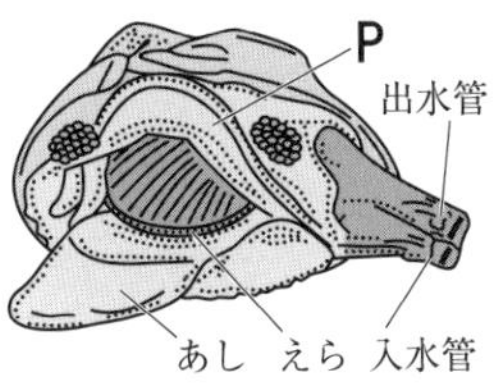

⑮ アサリの内臓を包む膜(右の図のP)を何といいますか。〔　　　　　〕

⑯背骨をもたない動物のうち，ₐアサリのように内臓が⑮で包まれている動物，ᵦバッタやエビのように，からだやあしに節のある動物を何といいますか。

a〔　　　　　〕 b〔　　　　　〕

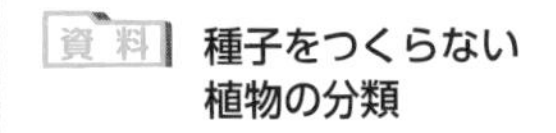

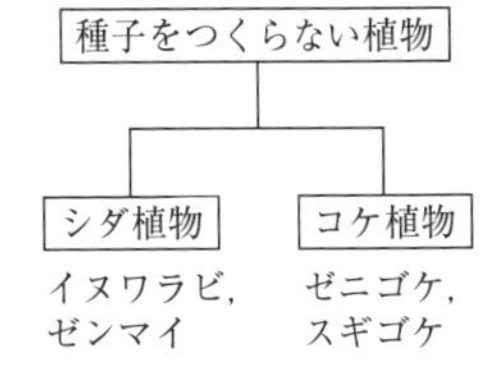

注意！

イヌワラビ(左図のX)の，茎のように見える部分は葉の柄である。茎は地下にあり，地下茎とよばれる。

動物の分類

資料

背骨はからだの中心にある。

注意！ セキツイ動物の呼吸器官

水中生活…えらで，水中の酸素をとり入れる。

陸上生活…肺で，空気中の酸素をとり入れる。

両生類は，子→親で生活場所が水中→陸上と変化するので，呼吸器官もえら→肺と変化する。

資料 いろいろな節足動物

甲殻類(こうかく)…エビ，カニなど

昆虫類…バッタ，チョウなど

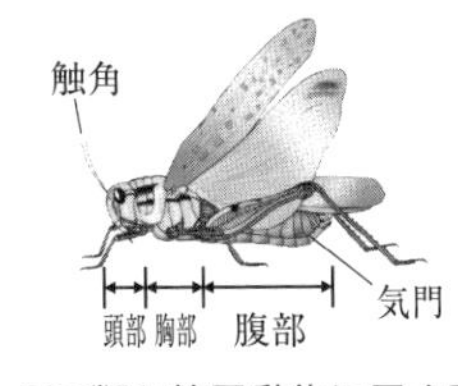

クモ類も節足動物に属する。

7日目 生物の特徴と分類

得点　／100点

基礎力確認テスト

解答➡別冊解答8ページ

1 図は，アブラナの花の断面を模式的に表している。

［6点×4］〈高知・改〉

(1) Aの部分にできる花粉が柱頭についたあと，Bの部分が種子になる。A・Bの名称を書きなさい。

A（　　　　　）　B（　　　　　）

(2) アブラナの葉と根のつくりを，次のア～エから選べ。

（　　　　）

ア　葉脈は網目状で，根はひげ根である。

イ　葉脈は網目状で，根は主根と側根からなる。

ウ　葉脈は平行で，根はひげ根である。

エ　葉脈は平行で，根は主根と側根からなる。

(3) アブラナと同じ被子植物を，次のア～エから1つ選べ。　（　　　　）

ア　ゼンマイ　**イ**　ゼニゴケ　**ウ**　イチョウ　**エ**　ムラサキツユクサ

2 図1はゼニゴケの雄株を，図2はイヌワラビをスケッチしたものである。［6点×4］〈静岡・改〉

図1　図2

(1) 次のア・イのうち，ゼニゴケ，イヌワラビにあてはまるものを1つずつ選べ。

ゼニゴケ（　　　　）　イヌワラビ（　　　　）

ア　葉・茎・根の区別がある。

イ　葉・茎・根の区別がない。

(2) タンポポは種子によってなかまをふやす。これに対して，ゼニゴケやイヌワラビは何によってなかまをふやすか。

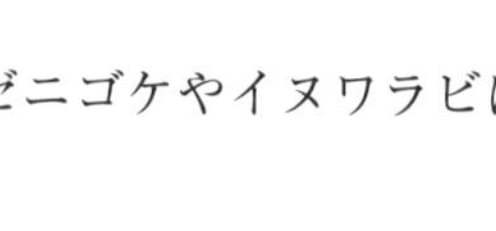

（　　　　）

(3)「葉・茎・根の区別の有無」「なかまのふやし方」がイヌワラビのような特徴をもつ植物のなかまを何というか。次のア～エから選べ。

（　　　　）

ア　被子植物　**イ**　裸子植物　**ウ**　シダ植物　**エ**　コケ植物

3 次の表は，５種類の動物をいくつかの特徴を元に整理したものである。［6点×2］〈栃木〉

	ウ　マ	カ　モ	トカゲ	イモリ		メダカ
背骨の有無	ある					
子のうまれ方	胎生	卵生(殻のある卵)		卵生(殻のない卵)		
おもな呼吸器官	肺			肺(親)	えら(子)	えら
生活場所	陸上			水中		

⑴「背骨の有無」に着目したとき，表の５種類の動物と同じなかまに入るものは，次の**ア**～**エ**のどれか。　（　　　）

ア　イカ　　**イ**　ヒトデ　　**ウ**　トンボ　　**エ**　カメ

⑵ イモリやメダカの卵とは異なり，カモやトカゲの卵にはかたい殻がある。かたい殻があることで卵はどのような環境にたえられるようになるか。表の「生活場所」に着目して簡潔に書け。　（　　　　　　　　　　　　　）

4 右の図は，ウサギ，ハト，トカゲ，カエル，メダカ，トンボ，アサリ，ミミズをそれぞれの特徴をもとに，**A**～**D**のグループに分類したものである。［6点×5］〈三重・改〉

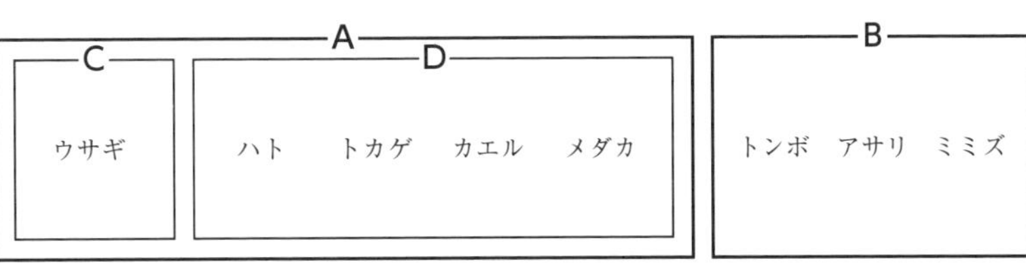

⑴ **A**と**B**のグループは，背骨がある動物か，背骨がない動物かで分類している。**B**のグループのような背骨がない動物を何というか。　（　　　　　）

⑵ **A**のグループは，子のうまれ方によってさらに**C**と**D**のグループに分類されている。**C**と**D**のグループの子のうまれ方をそれぞれ何というか。

C（　　　　　）　**D**（　　　　　）

⑶ 次の文は，カエルの呼吸のしかたについて説明したものである。（　　）に当てはまる言葉を答えよ。

①（　　　　　）　②（　　　　　）

子(幼生)は(　①　)と皮膚で，親(成体)は(　②　)と皮膚で呼吸する。

5 右の図は，イカのからだのつくりを表している。イカとヒトの器官には，はたらきの似たものがある。ヒトの肺と似たはたらきをもつ器官は，**ア**～**エ**のどれか。また，その器官の名称を書け。［5点×2］〈鹿児島〉

記号（　　　　　）

名称（　　　　　）

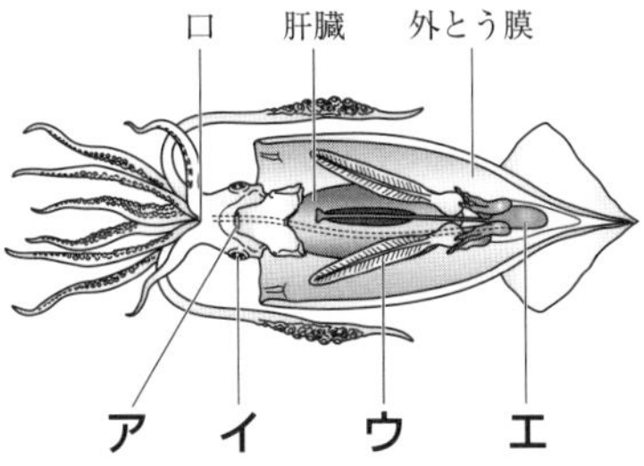

口　肝臓　外とう膜

ア　**イ**　**ウ**　**エ**

8 日目 大地の変化

学習日　　月　　日

基礎問題

解答 ➡ 別冊解答9ページ

1 火山と火成岩

① 火山の噴火は，地下にある何が地表まで上昇して起こりますか。

〔　　　〕

② 火山は表のような3タイプに分けられます。表中のa・bに「強い」か「弱い」を，c・dに「黒」か「白」を入れなさい。

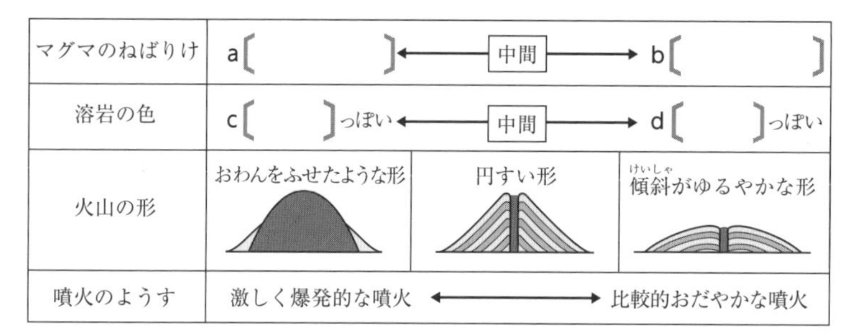

マグマのねばりけ	a〔　　〕←	中間	→ b〔　　〕
溶岩の色	c〔　〕っぽい ←	中間	→ d〔　〕っぽい
火山の形	おわんをふせたような形	円すい形	傾斜(けいしゃ)がゆるやかな形
噴火のようす	激しく爆発的な噴火 ←→		比較的おだやかな噴火

③ マグマが冷えてできた岩石を何といいますか。

〔　　　〕

④ ③のうち，マグマが地下深くでゆっくり冷えたものは，何というつくりになり，その岩石は何とよばれますか。

つくり名〔　　　〕　岩石名〔　　　〕

⑤ ③のうち，マグマが地表や地表近くで急に冷えたものは，何というつくりになり，その岩石は何とよばれますか。

つくり名〔　　　〕　岩石名〔　　　〕

⑥ a最も白っぽい深成岩，b最も黒っぽい火山岩の名称を答えなさい。

a〔　　　〕　b〔　　　〕

⑦ 火山災害のうち，火山灰などが高温のガスとともに流れる現象を何といいますか。　〔　　　〕

2 地震

⑧ 右の図のAのような，地下の地震が発生した場所を何といいますか。　〔　　　〕

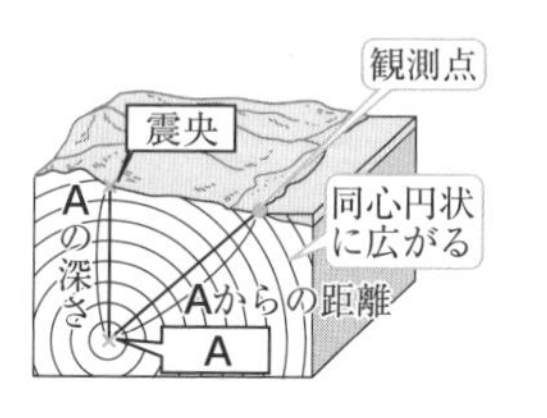

火山と火成岩

よくでる

等粒状組織

斑状組織

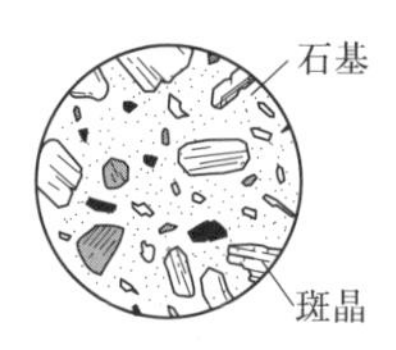

注意!

火成岩を白っぽいものから順に並べると，
深成岩…花こう岩，せん緑岩，斑れい岩
火山岩…流紋岩，安山岩，玄武岩

知っトク　火成岩をつくるおもな鉱物

無色鉱物…セキエイ，チョウ石
有色鉱物…クロウンモ，カクセン石，キ石，カンラン石
無色鉱物が多い火成岩は白っぽい。有色鉱物が多い火成岩は黒っぽい。

地震

知っトク

震源から出る波は2種類。
P波…速く伝わり，初期微動を起こす。
S波…P波より遅く伝わり，主要動を起こす。

⑨ ⑧から出る２種類の波のうち，速く伝わって，地面の最初のゆれを引き起こすものを何といいますか。　〔　　　　〕

⑩ 右の図は地面のゆれを地震計で記録したものです。a最初の小さなゆれ，bそれに続く大きなゆれを何といいますか。

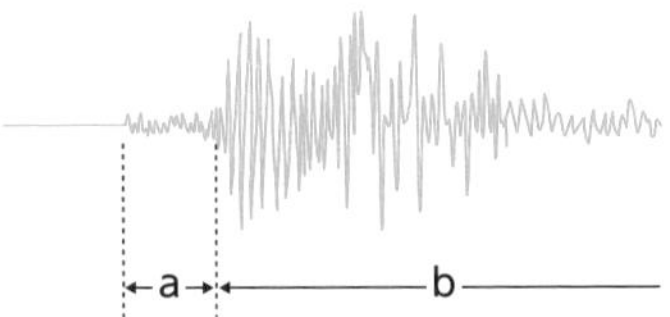

a〔　　　　〕　b〔　　　　〕

⑪ ⑩のゆれaが続く時間は，震源に近い地点ほどどうですか。

〔　　　　〕

⑫ x地震の規模(放出されたエネルギーの大きさ)，y地震による地面のゆれの大きさは，何という尺度で表されますか。

x〔　　　　〕　y〔　　　　〕

⑬ ふつう，震源から遠い地点ほど，地面のゆれはどうなりますか。

〔　　　　〕

⑭ 震源が海底の場合に発生することがある大きな波を何といいますか。　〔　　　　〕

3 堆積岩と地層

⑮ 土砂には，粒の大きなものから順にれき・砂・泥が含まれています。この３種類を，早く堆積するものから順に並べなさい。

早い〔　　　→　　　→　　　〕遅い

⑯ 堆積物が固まってできた岩石を何といいますか。

〔　　　　〕

⑰ ⑯のうち，次のものの岩石名を答えなさい。

a　おもに砂が堆積して固まった。　〔　　　　〕

b　おもに火山灰が堆積して固まった。　〔　　　　〕

c　生物の死がいなどが堆積して固まったもので，うすい塩酸をかけると気体が発生する。　〔　　　　〕

⑱ a堆積した当時の環境を知る手がかりになる化石，b堆積した年代を知る手がかりになる化石を何といいますか。

a〔　　　　〕　b〔　　　　〕

⑲ 右のア・イの化石を含む地層が堆積した年代は，古生代・中生代・新生代のどれですか。

ア

アンモナイト

イ
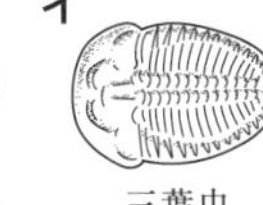
三葉虫

ア〔　　　　〕　イ〔　　　　〕

注意!
初期微動…最初の小さなゆれ。P波が到着したときに始まる。
主要動…初期微動に続いて起こる，大きなゆれ。S波が到着すると始まる。

資料 地震による災害と対策
建物の倒壊，家具の転倒
→家具を固定する。避難場所や持ち物を準備しておく。

津波
→海岸から離れ，高いところに移動する。

資料
地球の表面は十数枚のプレート(厚さ 100km ほどの岩盤)でおおわれている。火山や地震は，プレートとプレートの境界に多い。

堆積岩と地層

知っトク
風化…岩石は表面からしだいにくずれていく。
侵食…土砂は流水によってけずりとられる。
運搬…土砂は流水によって運ばれる。
堆積…土砂は流れのゆるやかなところで粒の大きなものから順に積もる。

注意!
示相化石の条件…限られた環境にだけ生活する生物。生存期間は長いほうがよい。
示準化石の条件…限られた時代に栄えて，絶滅した生物。生存地域は広いほうがよい。例：恐竜は中生代に栄えて，絶滅した。

大地の変化

得点
／100点

基礎力確認テスト

解答➡別冊解答9ページ

1 火山と火成岩について，問いに答えなさい。［7点×3］

(1) 雲仙普賢岳のような，マグマのねばりけが強い火山の噴火と火山岩の特徴を，次の**ア**～**エ**から選べ。〈岩手〉　（　　　）

ア　噴火はおだやかで，火山岩は白っぽく，セキエイやチョウ石を多く含む。

イ　噴火はおだやかで，火山岩は黒っぽく，キ石やカンラン石を多く含む。

ウ　噴火は激しく爆発的で，火山岩は白っぽく，セキエイやチョウ石を多く含む。

エ　噴火は激しく爆発的で，火山岩は黒っぽく，キ石やカンラン石を多く含む。

(2) 右の図は，マグマが冷えて固まってできた岩石をルーペで観察したスケッチである。〈徳島〉

A
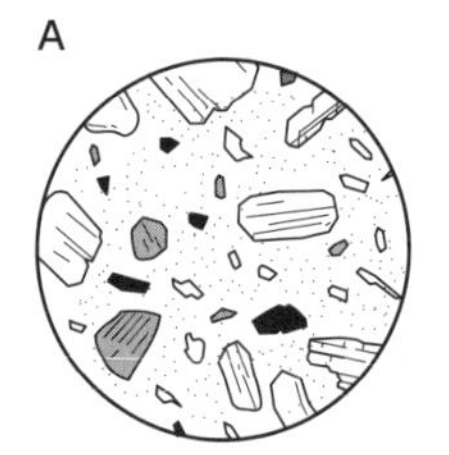

B
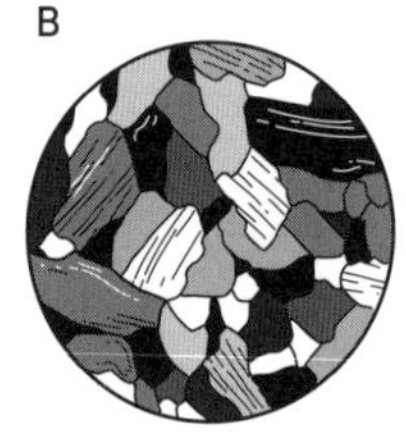

① 岩石**A**は，比較的大きな鉱物が，細かい粒に囲まれている。この比較的大きな粒を斑晶というのに対して，そのまわりの細かい粒などでできた部分を何というか。　（　　　）

② 岩石**B**は，マグマがどのようになったために，それぞれの鉱物が十分に成長して等粒状組織になったのか。マグマの冷える場所と冷え方に着目して書きなさい。

（マグマが　　　　　　　　　　ため）

2 **図1**は，ある地震のゆれを観測地点**A**の地震計で記録したもので，①でP波が，②でS波が到着した。**図2**は，この地震での，P波・S波が到着するまでの時間と震源からの距離の関係である。

［7点×3］〈埼玉・改〉

図1

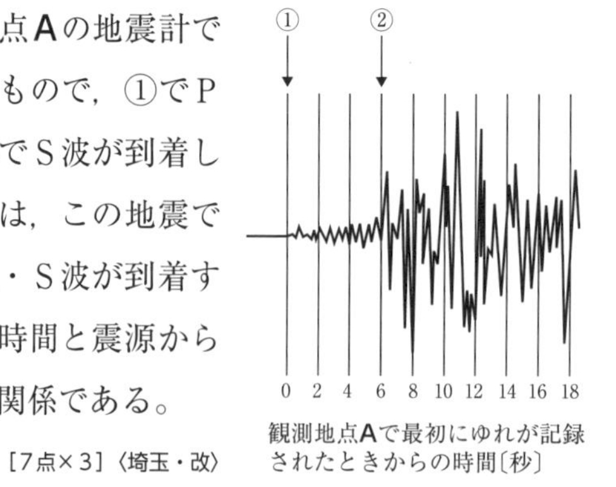

図2

P波　S波
震源からの距離〔km〕
0　10　20　30　40　50　60　70　80
0　2　4　6　8　10　12　14　16　18　20　22
P波・S波が到着するまでの時間〔秒〕

(1) **図1**の①から②までの時間を何というか。　（　　　）

(2) P波は何km/sの速さで伝わったか。小数第一位を四捨五入して答えなさい。

（　　　）

(3) 震源から観測地点**A**までの距離は何kmか。

（　　　）

3 図１は，流水によって土砂が山から海へ運ばれ堆積するようすを模式的に表しており，Ａは急な河川，Ｂは浅い海底，Ｃは深い海底である。

図１ A B C

［6点×7］〈茨城〉

(1) 地表の岩石は，長い間に気温の変化や水のはたらきによって，a表面からぼろぼろになってくずれ，土や砂になっていく。また，もろくなった岩石は，b風や流水などによってけずりとられていく。a・bを何というか。

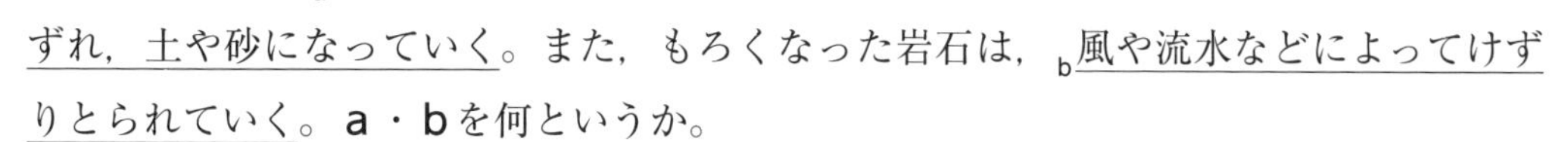

a（　　　　　）　b（　　　　　）

(2) 流水によって運ばれた土砂のうち，図１のＣに最も多く見られるものは，次のア～ウのどれか。また，そうなる理由を，「粒の大きさ」「流水」の２語句を用いて書きなさい。

ア　砂　　イ　泥　　ウ　れき　　記号（　　　）

理由（　　　　　　　　　　　　　　　　　　　　　　　　）

(3) 図２は，図１のＡ付近にある露頭のスケッチである。

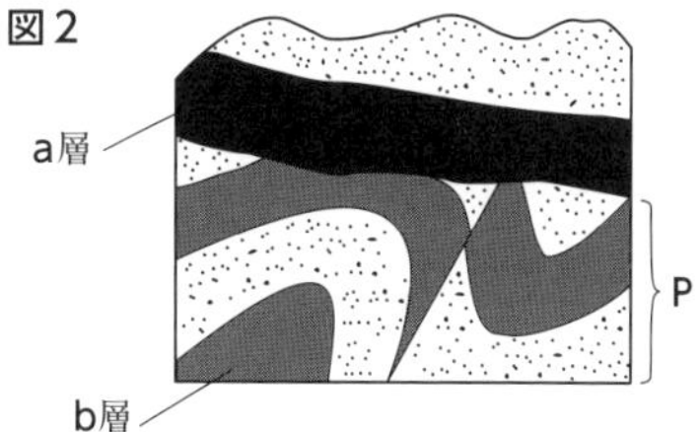

① 図２のＰのように，地層が押し曲げられたものを何というか。

（　　　　　　　）

② 図２のｂ層に見られる堆積岩は，フズリナの化石を含み，うすい塩酸をかけると表面から泡が出た。この岩石の名称を答えなさい。

（　　　　　）

③ 図２のａ層は火山灰の層で，地層の広がりを知るためのよい目印になる。このような地層を何というか。

（　　　　　）

4 地球の表面は十数枚のプレートでおおわれ，それぞれがいろいろな方向へ動いているため，プレートどうしがぶつかるところでは大きな力がはたらき，さまざまな地形ができる。［8点×2］〈佐賀・改〉

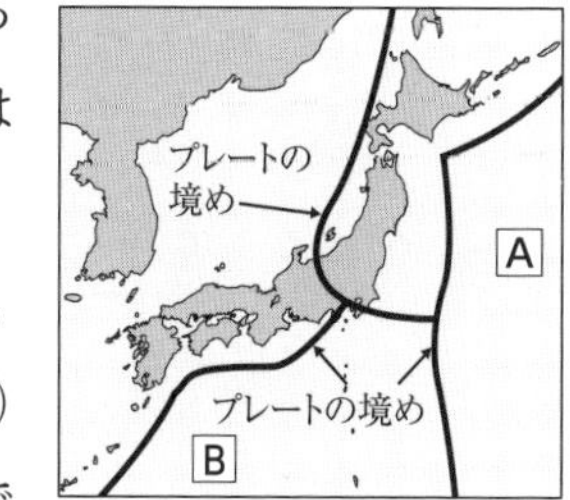

(1) 次の文の①～③には「海洋」「大陸」のどちらが当てはまるか。

（①　　　　②　　　　③　　　　）

日本海溝は，大陸プレートと海洋プレートがぶつかるところで，（　①　）プレートが（　②　）プレートの下に沈みこんでつくられた。

ヒマラヤ山脈は，（　③　）プレートどうしがぶつかって長い間押し合いが続き，２つのプレートの間の海底にたまっていた厚い堆積物が押し上げられてできた。

(2) 上の図のプレートＡとＢはどのような向きに動いているか。右のア～エから選べ。

（　　　　）

ア　イ　ウ　エ

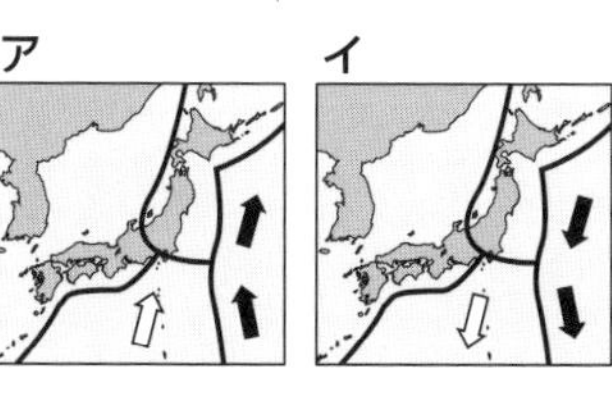

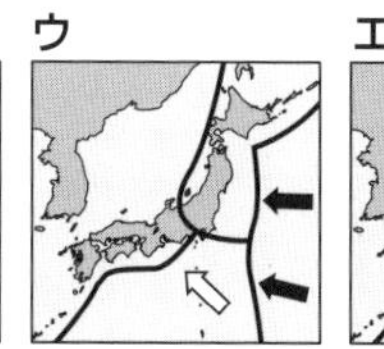

9日目 植物のからだのつくりとはたらき

学習日　　月　　日

基礎問題

解答 ➡ 別冊解答10ページ

1 細胞のつくり

① 動物の細胞にも植物の細胞にもある，右の図のAとBを何といいますか。

A〔　　　　〕
B〔　　　　〕

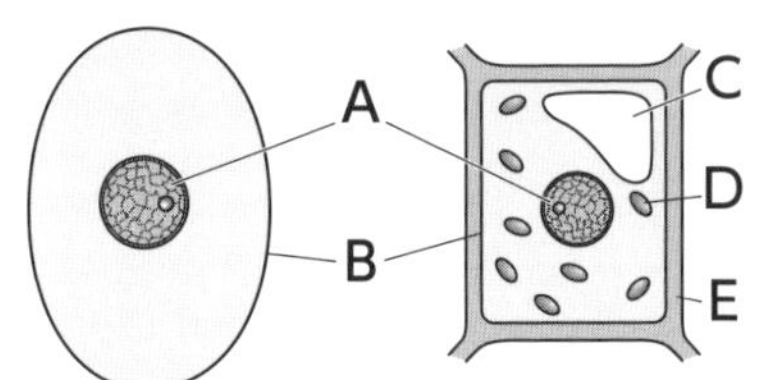

② 植物の細胞にあるC～Eのうち，Cは液体の入っている袋，Dは緑色の粒，EはBの外側にある厚くてじょうぶなつくりです。C～Eを何といいますか。

C〔　　　　〕
D〔　　　　〕
E〔　　　　〕

③ 次のア～ウは，上の図のA～Eのどのつくりについて説明したものですか。

ア　光合成を行う。〔　　〕
イ　植物のからだを支える。〔　　〕
ウ　1つの細胞にふつう1個あり，染色液によく染まる。〔　　〕

④ 上の図のAとE以外の部分を何といいますか。〔　　　　〕

⑤ aからだがたくさんの細胞でできている生物，bからだが1つの細胞でできている生物を何といいますか。

a〔　　　　〕
b〔　　　　〕

⑥ 次のア～オを，⑤のaとbに分類しなさい。

a〔　　　　〕 b〔　　　　〕

ア　ゾウリムシ　**イ**　ミジンコ　**ウ**　ネコ
エ　タンポポ　**オ**　アメーバ

細胞のつくり

知っトク
すべての生物は細胞からできており，細胞は生命の最小単位である。

よくでる 核
・細胞の核を観察するときは，酢酸カーミン液や酢酸オルセイン液などの染色液で核を染めて観察しやすくする。
・赤血球など，核をもたない細胞もある。

知っトク 葉緑体
・植物の葉などが緑色に見えるのは，葉緑体があるため。ふ入りの葉のふの部分のように緑色でないところには葉緑体がない。

知っトク
単細胞生物…1個の細胞で，栄養分をとる，不要物を排出する，なかまをふやすなど，生物として必要なすべてのはたらきを行う。
多細胞生物…細胞が集まって組織をつくり，組織が集まって器官をつくり，器官が集まって1個体の生物をつくる。

2 根・茎・葉のつくりとはたらき

⑦ 種子植物のからだの中では，下の図のように，A根で吸収した水や養分が通る管とB葉でできた栄養分が通る管が根・茎・葉の間をつながっています。A・Bを何といいますか。

A〔　　　　〕 B〔　　　　〕

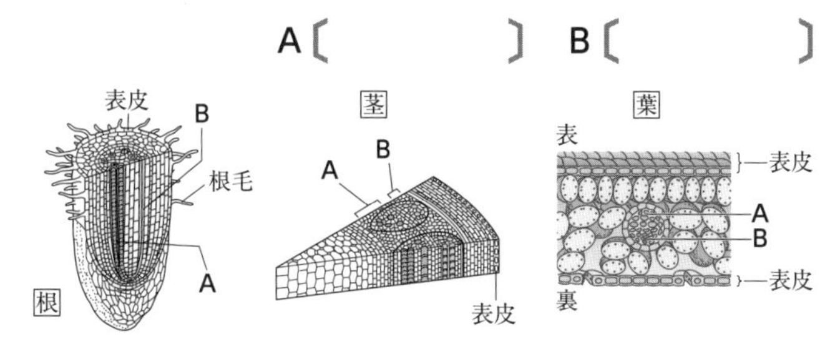

⑧ 根でとり入れられた水は，一部が水蒸気になって，おもに葉の表皮の小さなすき間から体外に出ていきます。下線部の現象およびすき間を何といいますか。

現象〔　　　　〕 すき間〔　　　　〕

⑨ ⑧の下線部の現象が盛んになると，根での水の吸収はどうなりますか。

〔　　　　〕

3 光合成と呼吸

⑩ 葉に日光が当たると，根でとり入れた水と気孔からとり入れたXを材料にして，デンプンなどの栄養分がつくられます。このとき同時につくられるYは気孔を通って体外に出ていきます(右上の図)。下線部のはたらきを何といいますか。また，それは，細胞の中の何という部分で行われますか。

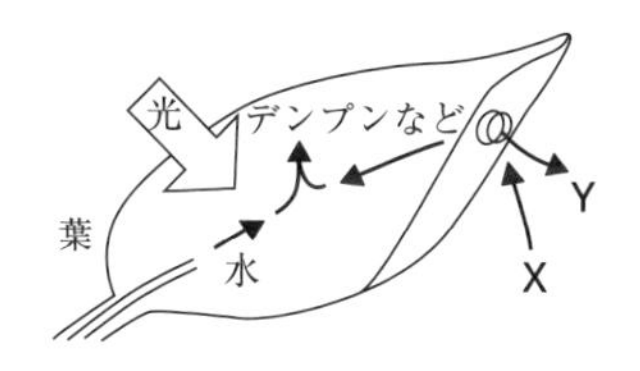

はたらき〔　　　　〕 部分の名前〔　　　　〕

⑪ ⑩の物質XとYは何ですか。物質名を答えなさい。

X〔　　　　〕 Y〔　　　　〕

⑫ ⑩で，葉にデンプンがつくられたことを確かめるときに用いられる試薬を何といいますか。また，その試薬はデンプンがあるとどのように変化しますか。

試薬〔　　　　〕 変化〔　　　　〕

⑬ 大型試験管に緑色のＢＴＢ溶液とタンポポの葉を入れ，数時間暗室に置いたとき，ＢＴＢ溶液の色は何色になりますか。

〔　　　　〕

根・茎・葉のつくりとはたらき

資料 葉脈

知っトク 根毛

根毛…根の先端近くについている，たくさんの細かい毛のようなもの。

・根の表面積を広くし，水分吸収の効率を高める。
・土のすき間に入りこんで，根を抜けにくくする。

資料 気孔は2つの孔辺細胞で囲まれたすき間

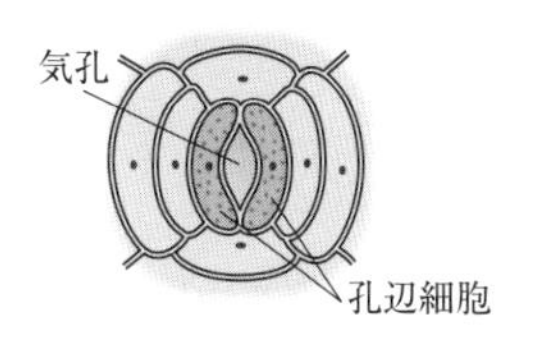

注意！

葉緑体のない，ふ入りの葉のふの部分では光合成は行われない。

注意！

光合成…日光が当たる昼にだけ行われる。
呼吸…昼も夜もつねに行われている。
昼は呼吸よりも光合成が盛んに行われるので，植物体全体としては，二酸化炭素をとり入れ，酸素を放出する。

知っトク ＢＴＢ溶液

ＢＴＢ溶液は，酸性で黄色，中性で緑色，アルカリ性で青色を示す。

植物のからだのつくりとはたらき

得点
/100点

基礎力確認テスト

解答➡別冊解答10ページ

1 オオカナダモの葉の細胞とヒトのほおの粘膜(ねんまく)の細胞を顕微鏡で観察した。右の図のAとCは染色しない場合，BとDは染色した場合の模式図である。［7点×4］〈富山・改〉

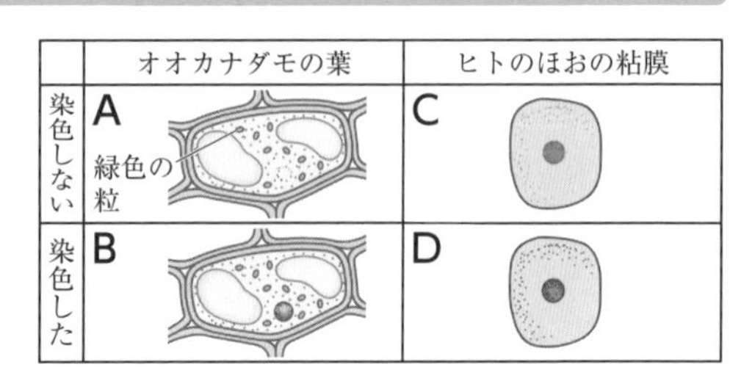

(1) 細胞の染色には何を用いればよいか。液の名称を書け。
（　　　　　　　　）

(2) Aでは，どの細胞にも緑色の粒がたくさん見られたが，CとDでは見られなかった。下線部の名称を書け。
（　　　　　　　　）

(3) BとDでは，1か所の丸い部分が染色液によく染まった。この部分の名称を書け。
（　　　　　　　　）

(4) AとBは，細胞の境界の線がはっきりしており，CとDははっきりしていない。オオカナダモで境界の線がはっきりしている理由を，植物と動物における細胞のつくりの違いから考え，解答欄の書き出しに続けて書け。
（植物の細胞には　　　　　　　　）

2 ある種子植物を用いて，植物が行う吸水のはたらきについて調べる実験を行った。

［6点×6］〈富山〉

㋐葉の大きさや数，茎の太さや長さが等しい枝を4本準備した。
㋑それぞれ，図のように処理して，水の入った試験管A～Dに入れた。
㋒試験管A～Dの水面に油を1滴たらした。
㋓試験管A～Dに一定の光を当て，10時間放置し水の減少量を調べ，表にまとめた。

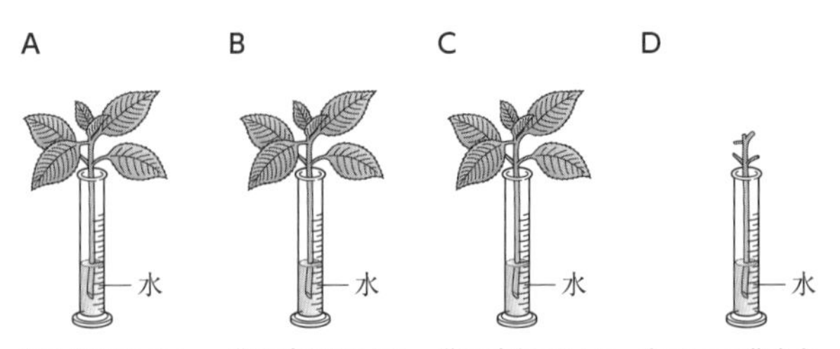

試験管	A	B	C	D
水の減少量〔g〕	a	b	c	d

(1) ㋒において，水面に油をたらしたのはなぜか，その理由を簡単に書きなさい。
（　　　　　　　　）

(2) 種子植物などの葉の表皮に見られる，気体の出入り口を何というか，書きなさい。
（　　　　　　　　）

(3) 表中の d を a, b, c を使って表すと，どのような式になるか，書きなさい。

(　　　　　　　　　　　　)

(4) 10時間放置したとき，$b=7.0$, $c=11.0$, $d=2.0$ であった。Aの試験管の水が10.0g減るのにかかる時間は何時間か。小数第1位を四捨五入して整数で答えなさい。

(　　　　　　)

(5) 種子植物の吸水について説明した次の文の空欄(　X　)，(　Y　)に適切なことばを書きなさい。

X(　　　　　　　)　Y(　　　　　　　)

・吸水のおもな原動力となっているはたらきは(　X　)である。
・吸い上げられた水は，根，茎，葉の(　Y　)という管を通って，植物のからだ全体に運ばれる。

3 青色のＢＴＢ溶液に息を吹きこんで黄色にしたものを，試験管A～Dに満たした。さらにAとCにはオオカナダモを入れ，A～Dに栓をしたあと，CとDは光を通さない箱でおおった。そして，図のようにして光を十分に当てたところ，試験管内のＢＴＢ溶液の色が表のようになった。

［6点×6］〈愛知・改〉

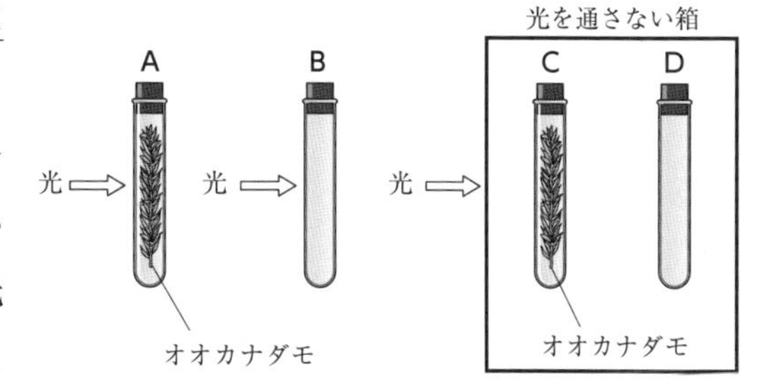

試験管	A	B	C	D
ＢＴＢ溶液の色	青色	黄色	黄色	黄色

(1) 下線部でＢＴＢ溶液が黄色になったのは①息の中の何がＢＴＢ溶液に溶けて，②ＢＴＢ溶液が何性になったためか。

①(　　　　　　　　　　)　②(　　　　　　　　　　)

(2) 次の文は，この実験に関する考察である。(　　)にあてはまる試験管の記号を答えなさい。

①(　　　　　)　②(　　　　　)　③(　　　　　)

試験管AのＢＴＢ溶液の色の変化にオオカナダモがかかわっていることは，試験管Aと(　①　)の実験結果の比較からわかる。試験管AのＢＴＢ溶液の色の変化に光がかかわっていることは，試験管Aと(　②　)の実験結果の比較からわかる。また，光を当てただけではＢＴＢ溶液の色が変化しないことは，試験管Dと(　③　)の実験結果の比較からわかる。

(3) 次の文の(　　)に入るのは，「光合成」「呼吸」のどちらか。

(①　　　　　　　②　　　　　　　③　　　　　　　)

試験管Aでは(　①　)より(　②　)が盛んに行われたため，ＢＴＢ溶液が青色になった。また，試験管Cでは(　③　)のみが行われたため，ＢＴＢ溶液が青色にならなかった。

動物のからだのつくりとはたらき

学習日　　月　　日

基礎問題

解答 ➡ 別冊解答11ページ

1 消化と吸収

① 右の図は，細胞呼吸を模式的に表しています。A・Bに当てはまる物質名を答えなさい。

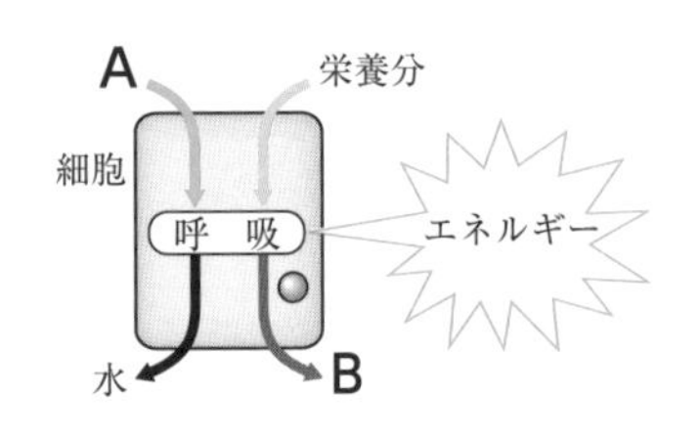

A〔　　　　　〕
B〔　　　　　〕

② 食物中の栄養分は，だ液・胃液・すい液などに含まれる何のはたらきで，吸収されやすい物質に分解されますか。

〔　　　　　〕

③ だ液に含まれる②の名称を答えなさい。

〔　　　　　〕

④ a炭水化物・bタンパク質・c脂肪は，分解されて，最終的には何になりますか。

a〔　　　　　〕
b〔　　　　　〕
c〔　　　　　〕

⑤ ④で答えたものは，小腸の壁のひだの表面に無数にある何で吸収されますか。

〔　　　　　〕

⑥ ④で答えたもののうち，吸収されて毛細血管に入るものはどれですか。a～cの記号で，2つ選びなさい。

〔　　　と　　　〕

2 呼吸と排出

⑦ 右の図は肺の一部を拡大したものです。Aは何ですか。

〔　　　　　〕

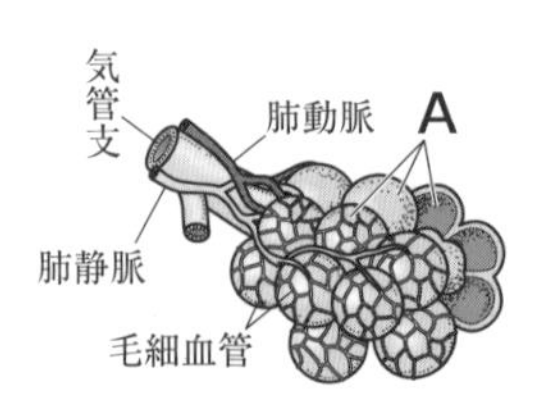

⑧ 肺の中にAが無数にあることで，酸素と二酸化炭素の交換が効率よく行われるのは，空気と触れ合う面積がどのようになるからですか。

〔　　　　　　　　から〕

消化と吸収

知っトク

消化と吸収は，細胞呼吸に必要な栄養分を得るためにに行われる。

よくでる

小腸の壁にはたくさんのひだがあり，ひだの表面には無数の柔毛がある。これによって，小腸の内側の表面積が広くなり，栄養分の吸収が効率よく行われる。

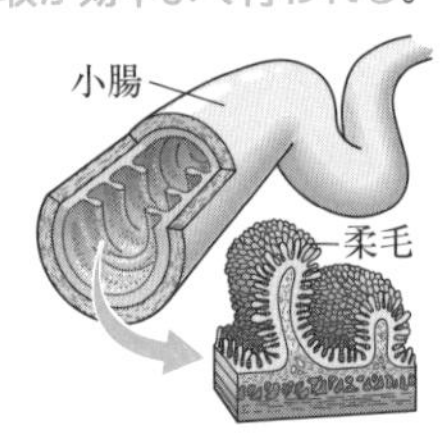

知っトク

だ液…含まれているアミラーゼがデンプン（炭水化物）を分解。

胃液…含まれているペプシンがタンパク質を分解。

胆汁…肝臓でつくられる。消化酵素を含まないが，脂肪の分解を助ける。

呼吸と排出

知っトク

肺での呼吸は，二酸化炭素を放出し，酸素をとり入れるガス交換である。

細胞での呼吸は，生きるためのエネルギーのとり出しである。

⑨ タンパク質が細胞呼吸に使われると，有害な何ができますか。

〔　　　　〕

⑩ ⑨は血液によって$_a$何という器官に運ばれ，$_b$害の少ない何につくり変えられますか。

a〔　　　　〕　b〔　　　　〕

⑪ ⑩のbは，何という器官で血液からこし出されますか。

〔　　　　〕

3 血液の循環

⑫ ヒトの血液の循環経路には，$_a$心臓→肺→心臓と$_b$心臓→肺以外の全身→心臓の２つがあります。a，bを何といいますか。

a〔　　　　〕

b〔　　　　〕

⑬ ⑫のaの循環で$_x$血液から出される物質，$_y$血液にとり入れられる物質は何ですか。

x〔　　　　〕

y〔　　　　〕

⑭ ⑫のbの循環で血液から細胞に渡されるものを２つ答えなさい。

〔　　　　〕〔　　　　〕

⑮ 血液の成分のうち，次のはたらきをするものは何ですか。

a　栄養分や二酸化炭素，アンモニアなどを溶かして運ぶ。

〔　　　　〕

b　酸素を運ぶ。　〔　　　　〕

4 刺激と反応

⑯ 右の図は，感覚器官(皮膚)と運動器官(筋肉)が神経系でつながっているようすを模式的に表しています。X・Yを何神経といいますか。

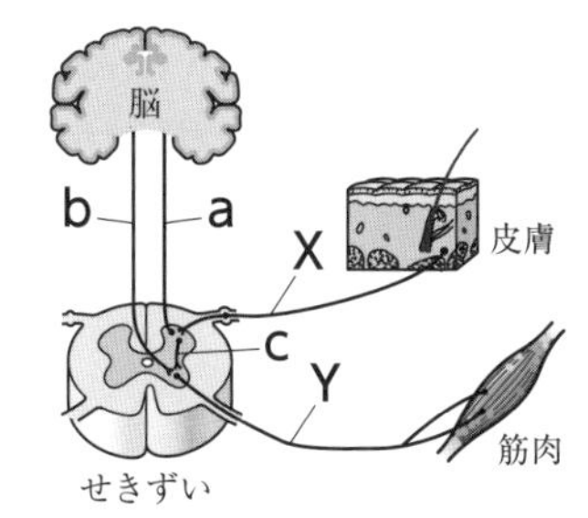

⑰「熱いものに触って，思わず手を引っこめた」場合，信号がどのような順で伝わりますか。図中の記号で答えなさい。

〔皮膚→　　　　→筋肉〕

⑱ 刺激に対して無意識に起こる反応を何といいますか。

〔　　　　〕

注意！　肝臓とじん臓とぼうこう

肝臓がアンモニアを尿素につくり変え，その尿素をじん臓が血液からこし出して尿をつくる。

ぼうこうは尿を一時的にためる。

血液の循環

知っトク

血液は固形成分(赤血球・白血球・血小板)と液体成分(血しょう)から成る。

赤血球…ヘモグロビン(赤色の物質)が酸素と結びつくことにより，酸素を運ぶ。

白血球…体外から侵入した細菌などを分解する。

血小板…血液を固まらせて，出血を止める。

血しょう…栄養分，二酸化炭素，アンモニア，尿素などを溶かして運ぶ。

血しょうが毛細血管の壁からしみ出したものが組織液。

組織液は，血液と細胞の間での物質のやりとりのなかだちをする。

刺激と反応

知っトク

感覚器官には，目・耳・鼻・舌・皮膚などがあり，それぞれ決まった刺激を受けとる。

注意！

関節を曲げる筋肉とのばす筋肉が対になっている。

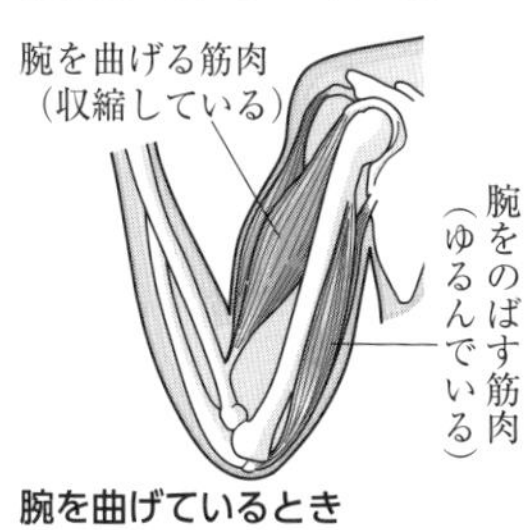

腕を曲げているとき

動物のからだのつくりとはたらき

得点　　／100点

基礎力確認テスト

解答➡別冊解答11ページ

1 1％デンプン溶液を5 cm³ずつ入れた試験管A・Bを用意し，図のようにAには水でうすめただ液を2 cm³，Bには水を2 cm³加えてよく混ぜ合わせたあと，A・Bを約40℃の湯に10分ほど浸した。次に，A・Bの溶液を半分ずつ別の試験管に分け，一方にはヨウ素液を入れ，もう一方にはベネジクト液と沸騰石を入れて加熱した。表はその結果である。［5点×4］〈長崎・改〉

デンプン溶液＋水でうすめただ液　A　B　デンプン溶液＋水　⇨　A　B　約40℃の湯

	試験管	色の変化
ヨウ素液を入れたもの	A	変化しなかった
	B	青紫色に変化した
ベネジクト液を入れて加熱したもの	A	赤かっ色に変化した
	B	変化しなかった

(1) 加熱する試験管に沸騰石を入れたのは何のためか。
(　　　　　　　　　　　　　　　　　　)

(2) だ液に含まれる消化酵素の名称を答えよ。
(　　　　　　　　　)

(3) ヨウ素液を入れた実験結果から，だ液に含まれる消化酵素のはたらきを説明せよ。
(　　　　　　　　　　　　　　　　　　)

(4) ベネジクト液を入れて加熱した実験が表の結果になった理由を，次のア～エから選べ。
ア　試験管Aではデンプンが分解されたので，色が赤かっ色に変化した。(　　　　)
イ　試験管Aにはアミノ酸が生じたので，色が赤かっ色に変化した。
ウ　試験管Bではデンプンが分解されたので，色が変化しなかった。
エ　試験管Bにはアミノ酸が生じたので，色が変化しなかった。

2 右の図は，ヒトの体内における血液の循環を模式的に表しており，A～Cはじん臓・肺・小腸のいずれかの毛細血管である。また，下の表は，血液に含まれる物質a～dの量が，A～Cを通過する間にどのように変化するかを表している。ただし，a～dは，酸素・二酸化炭素・栄養分・不要な物質(尿素とアンモニア)のいずれかである。

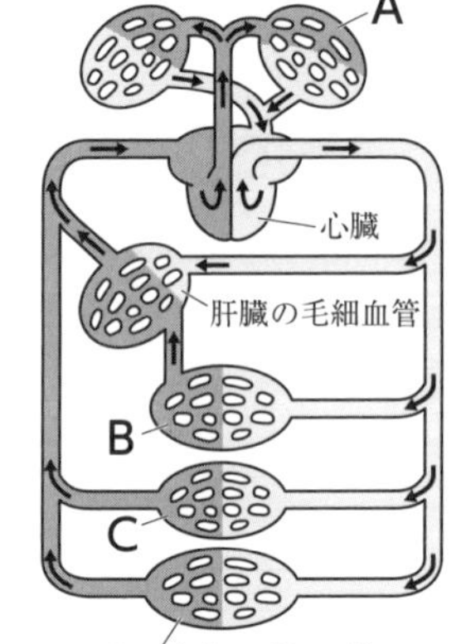

［5点×3］〈大分〉

	A	B	C
物質a	増える	減る	減る
物質b	増える	増える	減る
物質c	減る	増える	減る
物質d	減る	増える	増える

(1) ヒトの心臓から肺へ血液が送り出されるとき縮むのは，x心室・心房のどちらか。また，送り出される血液は，y動脈血・静脈血のどちらか。
(x　　　　　y　　　　　)

(2) 物質aとcは何か。　a(　　　　　)　c(　　　　　)

3 右の図は，ヒトの腕の骨格や筋肉のようすを表している。

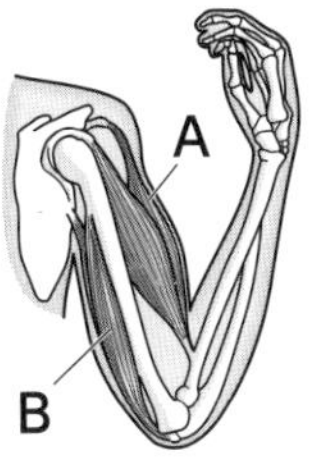

[6点×5]〈兵庫・改〉

(1) 次の①・②の運動をするとき，筋肉**A**・**B**のどちらが収縮するか。

① 腕立て伏せで，自分のからだを上げるとき（　　　）

② 鉄棒のけんすいで自分のからだを上げるとき（　　　）

(2) 手鏡で自分のひとみの大きさを見ながら，顔を明るいほうからうす暗いほうに向けると，意識しないのに，ひとみが大きくなった。

① このように，刺激に対して無意識に起こる反応を何というか。（　　　）

② ①と同様の反応の例を，次の**ア**～**エ**から1つ選べ。（　　　）

ア 100 m走で，合図とともにスタートした。

イ 後ろから名前をよばれたので，あわてて返事をした。

ウ テレビのドラマに感動して，涙が出てきた。

エ 熱いストーブに触れたとき，とっさに手を引っこめた。

(3) 刺激を受けてから反応が起こるまでの時間は，x無意識に起こる反応，y意識して起こる反応のどちらが短いか。短いほうの記号を答えよ。同じなら「同じ」と書け。

（　　　）

4 消化液には消化酵素が含まれ，消化酵素は食物中の特定の成分にはたらく。ただし，消化液の中には消化酵素を含まないものもある。[5点×7]〈埼玉〉

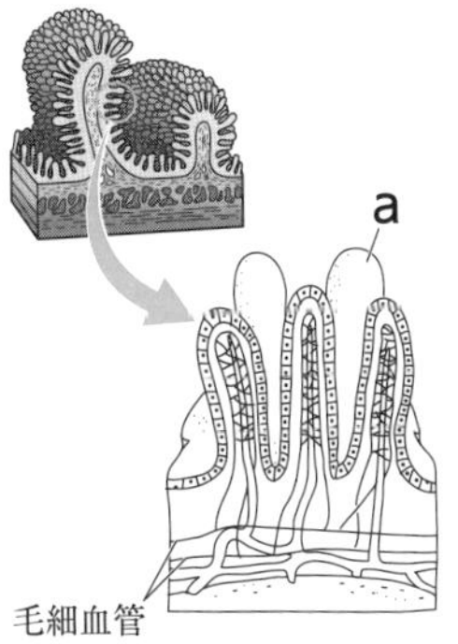

(1) 食物中のタンパク質を消化する代表的な消化酵素と，その消化酵素を含む消化液を1つずつ書け。

消化酵素（　　　　）　消化液（　　　　）

(2) タンパク質が消化により最終的に分解されてできる物質は何か。

（　　　）

(3) **図1**は，小腸の内側にあるひだと，その表面を拡大したものを模式的に表している。

① 小腸のひだの表面にある**a**を何というか。

（　　　）

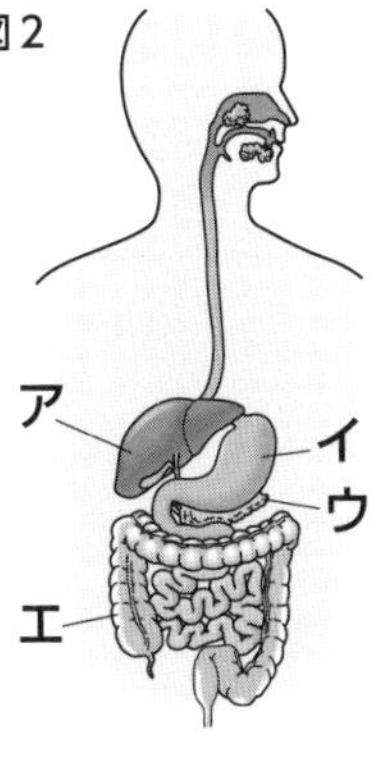

② **a**の毛細血管に吸収された物質の多くは，血管を通って肝臓に運ばれる。肝臓を**図2**の**ア**～**エ**から選べ。

（　　　）

③ 肝臓には消化液をつくるはたらきがある。肝臓でつくられる消化液は何か。また，食物中に含まれる成分のうち，この消化液が分解を助ける成分は何か。

消化液（　　　　）　食物の成分（　　　　）

図1

図2

天気の変化

学習日　　月　　日

基礎問題

解答 ➡ 別冊解答12ページ

1 大気の中ではたらく力

① 圧力を求める式のa，bに当てはまる語句を答えなさい。

$$圧力〔Pa〕=\frac{a〔\quad〕の大きさ〔N〕}{力がはたらくb〔\quad〕〔m^2〕}$$

② 大気圧は，上空にいくほどどうなりますか。

〔　　　〕

2 気象観測

③ 右の表のA～Cに当てはまる，天気を表す記号を答えなさい。

天気	快晴	晴れ	くもり	雨	雪	霧
記号	A	⏀	B	C	⊗	⊙

A〔　　〕 B〔　　〕 C〔　　〕

④ 風は，気圧の高いほうから低いほう，低いほうから高いほうのどちらに向かって吹きますか。

〔気圧の　　　から　　　〕

⑤ a周囲より気圧が高いところ，b周囲より気圧が低いところを何といいますか。

a〔　　〕 b〔　　〕

⑥ ⑤のa・bの中心付近には，どのような気流がありますか。

a〔　　〕 b〔　　〕

3 空気中の水蒸気と雲

⑦ 気温と飽和水蒸気量の関係は右のグラフのようになっています。$1\,m^3$あたり15.2 gの水蒸気を含む，30℃の空気の湿度は何%ですか。

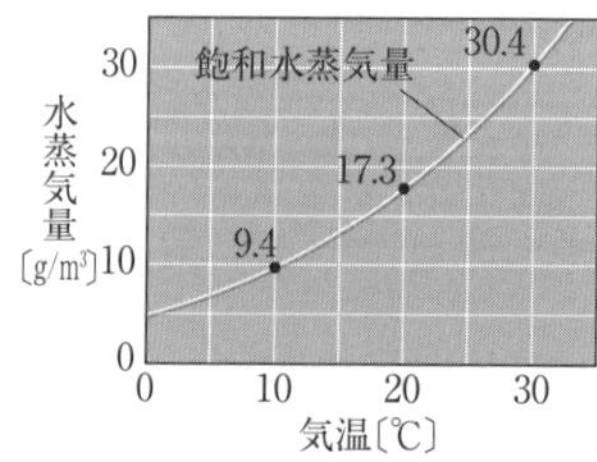

〔　　〕

⑧ ⑦の空気が20℃に冷え，さらに10℃に冷えると，$1\,m^3$あたり何gの水滴ができますか。できなければ「なし」と答えなさい。

20℃〔　　〕 10℃〔　　〕

大気の中ではたらく力

知っトク
$1Pa=1N/m^2$
$1hPa=100Pa=100N/m^2$

知っトク
大気圧は，あらゆる向きから物体の表面に垂直にはたらいている。

気象観測

知っトク　雲量と天気
雲量が0と1のとき快晴，9と10のときくもり，中間の2～8が晴れ。

空気中の水蒸気と雲

よくでる
$$湿度〔\%〕=\frac{空気1m^3中に含まれる水蒸気量〔g/m^3〕}{その温度での飽和水蒸気量〔g/m^3〕}\times100$$

知っトク
飽和水蒸気量…空気$1\,m^3$中に含むことができる水蒸気の最大量。
露点…空気の温度が下がっていき，空気中の水蒸気が水滴になり始める温度。
空気のかたまりの上昇…上空ほど気圧が低いので，膨張する。→温度が下がる。→温度が露点に達する。→雲ができ始める。

⑨ 空気のかたまりが上昇すると，a温度はどうなりますか。その結果，b温度が露点に達すると，何ができ始めますか。

a〔　　　　〕 b〔　　　　〕

4 前線と天気

⑩ 温帯低気圧では，寒気と暖気がぶつかって，右の図のような構造ができます。寒気はX・Yのどちらですか。〔　　　　〕

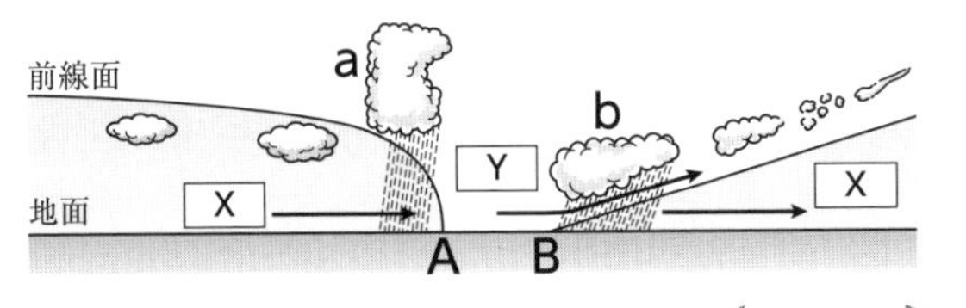

⑪ 前線面が地面と交わるところA・Bを何といいますか。

A〔　　　　〕 B〔　　　　〕

⑫ A・B付近にできる雲a・bの名称を答えなさい。

a〔　　　　〕 b〔　　　　〕

⑬ 通過すると気温が上がるのは，A・Bのどちらですか。

〔　　　　〕

5 日本の天気

⑭ 日本のような中緯度の上空には，地球規模で，西寄りの強い風が1年中ふいています。この風を何といいますか。

〔　　　　〕

⑮ 大陸と海洋のうち，a温まりやすいのはどちらですか。また，b冷めやすいのはどちらですか。

a〔　　　　〕 b〔　　　　〕

⑯ 日本付近では，季節によって，右のA～Cの気団が発達します。A・Cの名称を答えなさい。

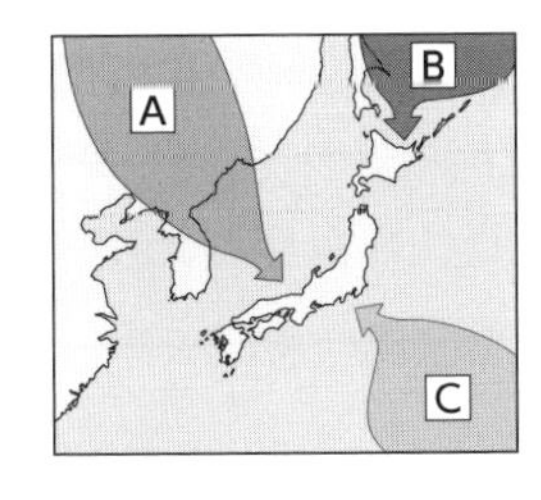

A〔　　　　〕
C〔　　　　〕

⑰ A～Cのうち，冬に発達する気団はどれですか。

〔　　　　〕

⑱ ⑰が発達すると，日本付近は何という気圧配置になりますか。

〔　　　　〕

⑲ BとCの勢力がつり合うと，何前線ができますか。

〔　　　　〕

⑳ 台風は何が発達して，強い風がふくようになったものですか。

〔　　　　〕

前線と天気

知っトク

寒冷前線
寒気が暖気を押し上げながら進む。積乱雲ができ，短時間の激しい雨が降る。通過後，気温が下がり，風向が南寄りから北寄りに。

温暖前線
暖気が寒気の上にはい上がりながら進む。乱層雲ができ，長時間のおだやかな雨が降る。通過後，気温が上がり，風向が北寄りから南寄りに。

停滞前線
寒気と暖気の勢力がつり合っていて，くもりや雨の日が長く続く。

日本の天気

知っトク

偏西風によって，日本付近の低気圧や移動性高気圧は西から東に移動する。

資料

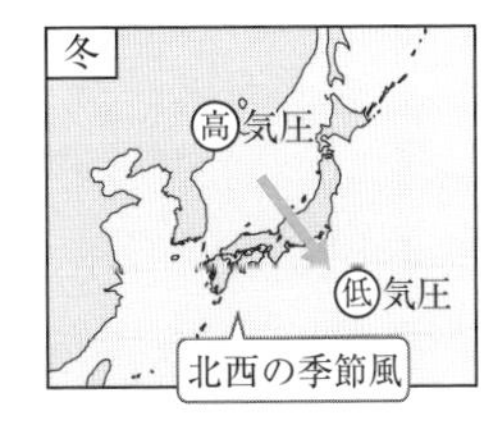

注意!

台風は，南の海上で発生し，西や北西に進む。7～9月ごろは，中緯度まで北上すると，偏西風の影響で北東に進むようになる。

天気の変化

得点 ／100点

基礎力確認テスト

解答➡別冊解答12ページ

1 室温が20℃の理科室で，20℃の水を金属容器に半分ほど入れ，中の水をかき混ぜながら，図のように氷水を少しずつ加えたところ，金属容器の中の水の温度が15℃になったとき，金属容器の表面に水滴がつき始めた。下の表は，気温と飽和水蒸気量の関係を示している。［8点×3］〈岐阜・改〉

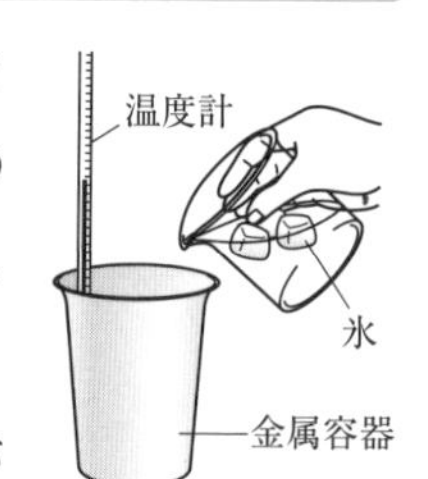

(1) 金属容器の表面に水滴がついたのは，空気中に含まれている水蒸気が冷やされて水滴に変わったからである。空気が冷やされて水蒸気が水滴に変わり始めるときの温度を何というか。

気温〔℃〕	0	5	10	15	20	25
飽和水蒸気量〔g/m³〕	4.8	6.8	9.4	12.8	17.3	23.1

（　　　　）

(2) 金属容器の中の水の温度と，金属容器に接している空気の温度が等しいと考えると，このときの理科室の湿度は何％か。小数第一位を四捨五入して，整数で答えよ。

（　　　　）

(3) この理科室全体の空気を20℃から10℃まで冷却したとすると，何gの水蒸気が水滴になるか。ただし，理科室の空気の体積は150m³とする。

（　　　　）

2 雲ができるようすを調べるために，図のような実験装置を準備した。フラスコの中を少量のぬるま湯でぬらしたあと，線香の煙を入れて，ゴム栓（せん）をした。そして，注射器のピストンを素早く引くと，フラスコ内がくもった。［8点×2］〈長崎〉

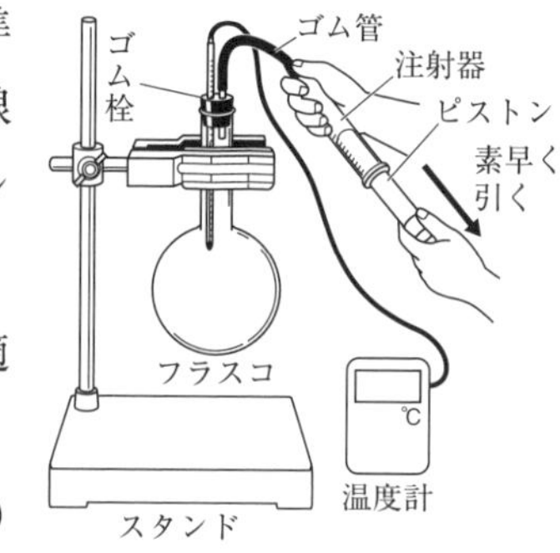

(1) フラスコ内がくもった理由を説明した次の文の(　　)に適する語句を入れて，文を完成せよ。

（①　　　　　　②　　　　　　）

ピストンを素早く引くと，フラスコ内の気圧が(　①　)，フラスコ内の空気が膨張するため，その温度は(　②　)。そのため，フラスコ内の空気中の水蒸気のうち，飽和水蒸気量をこえた分が水滴になり，フラスコ内がくもった。

(2) 自然界では，空気のかたまりが上昇することにより，この実験と同じしくみで雲が発生する。雲を生じる上昇気流のでき方を説明した次の**ア**～**ウ**から，正しいものをすべて選べ。

（　　　　）

ア　冷たい空気が暖かい空気の上にはい上がる。

イ　太陽の光によって地面があたためられ，空気が上昇する。

ウ　空気が山の斜面に沿って上昇する。

3 図1は4月のある日の正午の天気図である。

［7点×4］〈兵庫〉

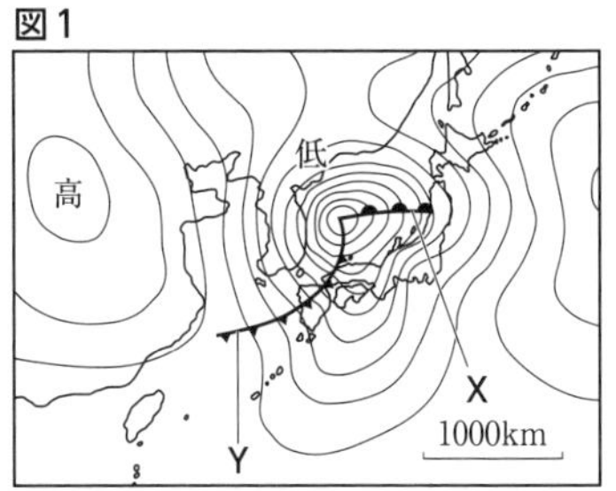

⑴ 前線Xの名称を書け。　（　　　　　）

⑵ 前線Yが通過する前後の天気を，次の**ア**～**エ**から選べ。　（　　　）

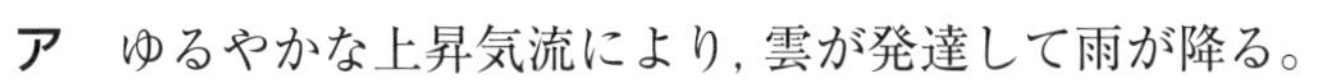

ア　ゆるやかな上昇気流により，雲が発達して雨が降る。

イ　長時間にわたる雨が降り，通過後は気温が下がる。

ウ　急激な上昇気流により，雲が発達して激しい雨が降る。

エ　短時間に激しい雨が降り，通過後は気温が上がる。

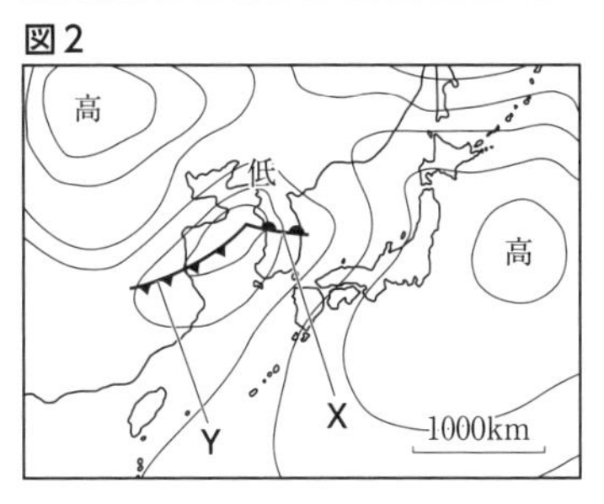

⑶ **図2**は，前日の午後9時の天気図である。前日からの天気の変化を説明した次の文の（　）に当てはまる語を，下の**ア**～**オ**から選べ。

①（　　　　）　②（　　　　）

図1に示した低気圧は，前日より東に移動していることがわかる。これは，中緯度の上空の（　①　）の影響である。この低気圧は15時間で約700km移動しており，この後，同じ速さで同じ方向に移動したとすると，兵庫県では，前線**Y**が通過して（　②　）が近づき，翌日は晴れると予想できる。

ア　移動性高気圧　　**イ**　偏西風　　**ウ**　小笠原気団

エ　季節風　　**オ**　シベリア気団

4 図1・図2は，日本の6月ごろと12月ごろに見られる特徴的な気圧配置を，それぞれ天気図で示している。［8点×4］〈和歌山〉

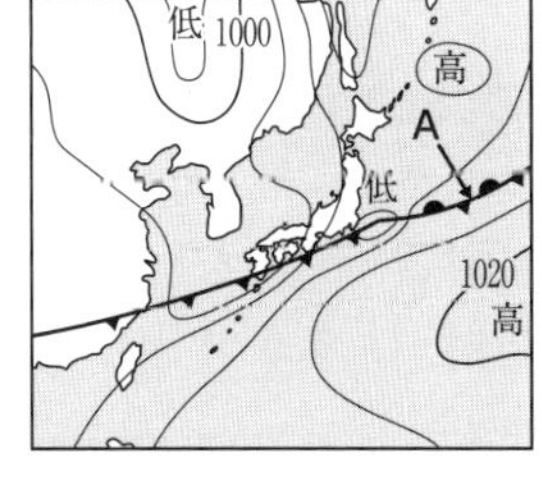

⑴ **図1**の**A**の前線について答えなさい。

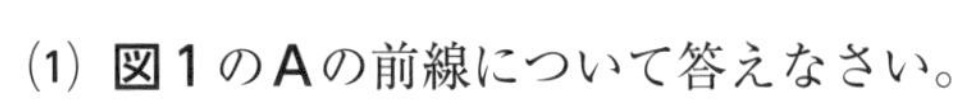

① この前線を何というか。　（　　　　　）

② この前線の北側の高気圧と南側の高気圧をつくる空気の性質を，次の**ア**～**エ**から1つずつ選べ。

（北　　　南　　　）

ア　暖かくて乾いている。　**イ**　暖かくて湿っている。

ウ　冷たくて乾いている。　**エ**　冷たくて湿っている。

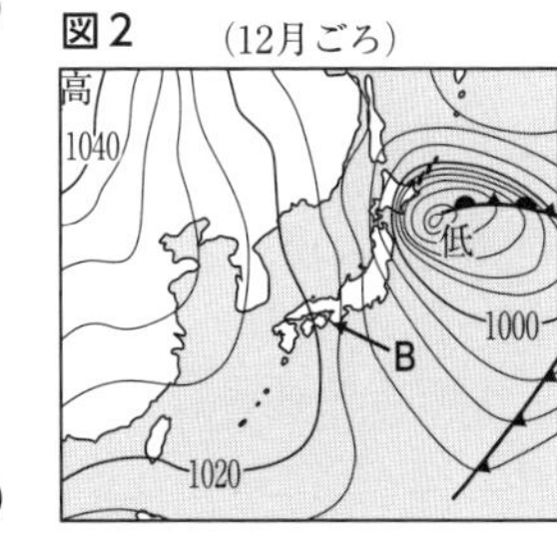

⑵ **図2**について答えなさい。

① 地点**B**（和歌山）の気圧は何hPaか。　（　　　　　）

② この時期に見られる気圧配置を次の**ア**・**イ**から，季節風の向きを**a**～**d**から選べ。

ア　南高北低　　**イ**　西高東低　　（気圧配置　　　季節風の向き　　　）

a　北東　　**b**　北西　　**c**　南東　　**d**　南西

生物のふえ方と遺伝

学習日　　月　　日

基礎問題

解答➡別冊解答13ページ

1 からだが成長するしくみ

① 1つの細胞が2つに分かれてふえることを何といいますか。

〔　　　　〕

② 右の図は，根の先端付近を染色して顕微鏡で観察したようすです。分裂中の細胞に見られるひものようなものAを何といいますか。

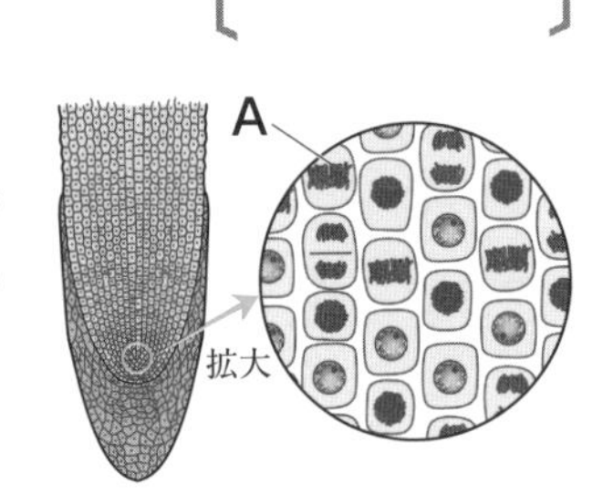

〔　　　　〕

③ ふつうの細胞分裂(体細胞分裂)では，1つの細胞がもつAの数は，分裂の前後で変化しますか，変化しませんか。

〔　　　　〕

④ からだが成長する(根がのびる)ためには，細胞分裂で細胞の数がふえることに加えて，どのようなことが必要ですか。

〔ふえた細胞が　　　　こと〕

2 生物がふえるしくみ

⑤ 被子植物では，花粉がめしべの柱頭につくと，下の図のように，花粉から管Xがのび出し，その中を細胞Aが移動して，胚珠の中にある細胞Bに達します。X・A・Bの名称を答えなさい。

X〔　　　　〕
A〔　　　　〕
B〔　　　　〕

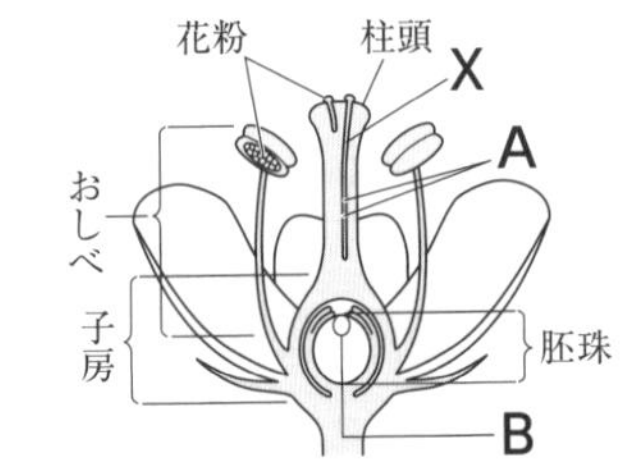

⑥ Aの核とBの核が合体してできた細胞Zを何といいますか。

〔　　　　〕

⑦ Z・胚珠・子房は，成長して何になりますか。

Z〔　　　　〕

胚珠〔　　　　〕　子房〔　　　　〕

からだが成長するしくみ

注意!

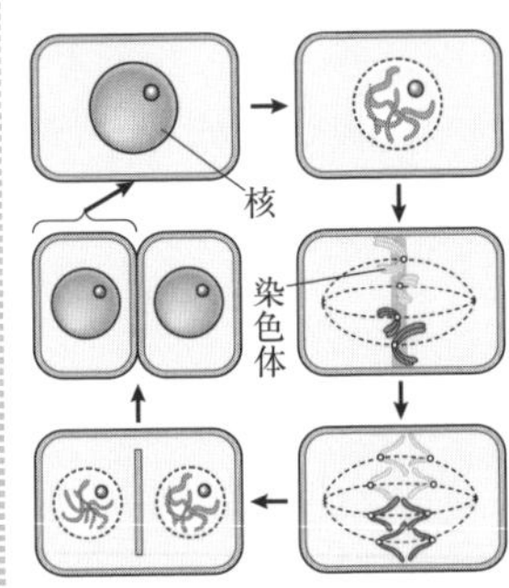

細胞分裂でできた直後の細胞は，大きさがもとの細胞の半分ほどなので，からだの成長は細胞分裂だけでは起こらない。

知っトク
成長点…細胞が分裂・成長して，からだが大きくなっていく場所。多くの植物では，根や茎の先端付近などにある。

生物がふえるしくみ

よくでる

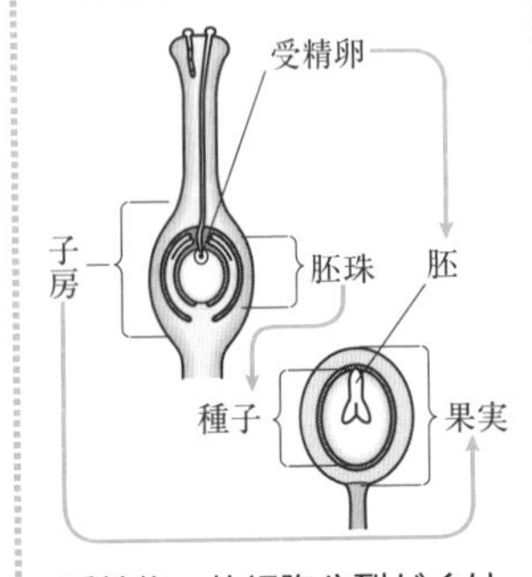

受精後，体細胞分裂がくり返されて，受精卵は種子の中の胚になる。

⑧ カエルでは，x雄の精巣でできた精子の核と，雌の卵巣でできた卵の核が合体したあと，y成長してオタマジャクシ(幼生)になり，さらに成長して親(成体)になります。下線部x・yを何といいますか。 x〔　　　　〕 y〔　　　　〕

⑨ 精子や卵ができるときに起こる，染色体の数がもとの細胞の半分になる細胞分裂を何といいますか。 〔　　　　〕

⑩ 精子の核と卵の核が合体してできた子が12本の染色体をもつ場合，12本のうちの何本が父親から受け継いだものですか。

〔　　　　〕

⑪ からだが2つに分裂したり，からだの一部から芽が出たりするふえ方(受精によらない生殖)を何といいますか。 〔　　　　〕

3 形質が遺伝するしくみ

⑫ 遺伝子は，細胞分裂のとき現れる何に含まれていますか。

〔　　　　〕

⑬ エンドウの種子の形を〈丸〉にする遺伝子をA，〈しわ〉にする遺伝子をaとすると，遺伝子の組み合わせがAaの個体は〈丸〉になります。このとき〈丸〉の形質を何といいますか。

〔　　　　〕

⑭ 対になっている遺伝子は，減数分裂のときに分かれ，2個の生殖細胞に1つずつ入ります。この規則性を何といいますか。

〔　　　　〕

⑮ ⑬で，遺伝子の組み合わせがＡＡの親Xにできる生殖細胞，aaの親Yにできる生殖細胞は，どのような遺伝子をもっていますか。

親Xの生殖細胞〔　　　　〕 親Yの生殖細胞〔　　　　〕

⑯ ⑮の親Xの生殖細胞と親Yの生殖細胞が受精してできた子Zは，遺伝子の組み合わせがどうなっていますか。記号で表しなさい。

〔　　　　〕

⑰ ⑯の子Zには〈丸〉〈しわ〉のどちらの形質が現れますか。

〔　　　　〕

4 生物の多様性と進化

⑱ 生物のからだの特徴が，長い年月をかけて代を重ねる間に変化することを何といいますか。 〔　　　　〕

⑲ 現在の形やはたらきは異なるが，もとは同じ器官であったと考えられるものを何といいますか。 〔　　　　〕

注意！

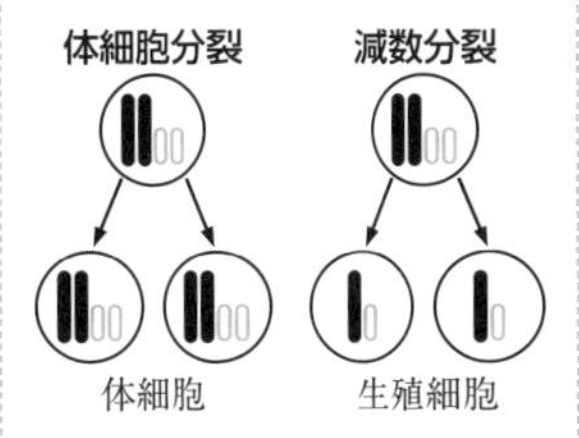

知っトク

受精卵…2個の生殖細胞の核が合体してできるので，染色体の数は体細胞と同じ。

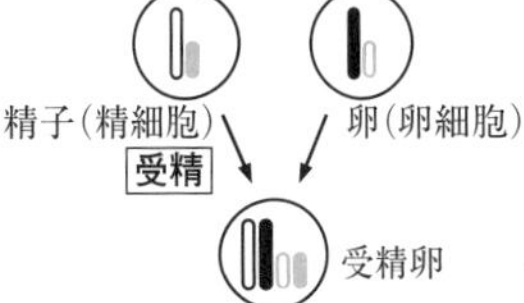

形質が遺伝するしくみ

知っトク

純系…親，子，孫と代を重ねても，形質が変化しないとき，これを純系という。

ＤＮＡ…デオキシリボ核酸の略で，遺伝子の本体。

よくでる 親から子への遺伝のしくみ

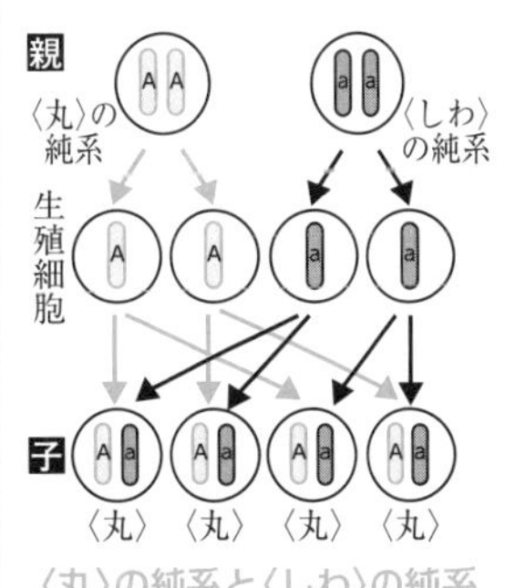

〈丸〉の純系と〈しわ〉の純系からできる子は，すべて〈丸〉になる。

生物の多様性と進化

知っトク

シソチョウ…ハチュウ類と鳥類の特徴をあわせもつ。→ハチュウ類の一部から鳥類が現れた。

生物のふえ方と遺伝

得点
／100点

基礎力確認テスト

解答➡別冊解答13ページ

1 タマネギの根から<u>x細胞分裂の観察に適した部分</u>を切りとり，スライドガラスの上に置いて，柄つき針で細かくくずしたあと，５％塩酸を１滴落として５分間待ち，塩酸をろ紙で吸いとった。さらに，<u>y酢酸オルセイン液（または酢酸カーミン液）</u>を１滴落として，もう一度５分間待った。次に，カバーガラスをかけ，さらにろ紙をかぶせ，根を指でゆっくりと押しつぶしてプレパラートをつくり，顕微鏡で観察した。［6点×3］〈京都〉

図1

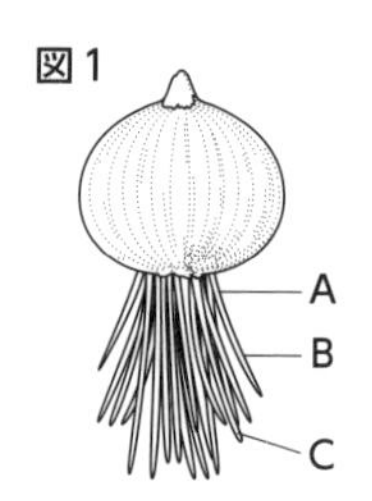

図2

(1) 下線部**x**には，**図1**の**A**～**C**のどこがよいか。（　　　　）

(2) 下線部**y**は何のために使ったか。次の**ア**～**ウ**から選べ。（　　　　）

ア　細胞どうしの重なりを少なくするため。

イ　核や染色体を染めるため。

ウ　細胞と細胞の結合を切って，１つ１つを離れやすくするため。

(3) **図2**は，細胞の大きさと核のようすをスケッチしたものである。**a**～**f**を体細胞分裂が進む順に並べよ。
（**a**→　　　　　　　　　　　　）

2 ホールスライドガラス**A**に蒸留水，**B**に８％ショ糖水溶液，**C**に16％ショ糖水溶液を１滴ずつ落としたあと，**図1**のように，**A**～**C**の上にインパチェンスの花粉をまいた。次に，**図2**のようにして１時間一定温度に保ったあと，顕微鏡で観察したところ，**図3**のように，ひものような**Y**がのびている花粉があった。**Y**がのびた花粉について，**A**～**C**ごとに長さの平均を求めたところ，平均が最も長いのは**B**，２番目は**A**，最も短いのは**C**であった。［6点×4］〈佐賀〉

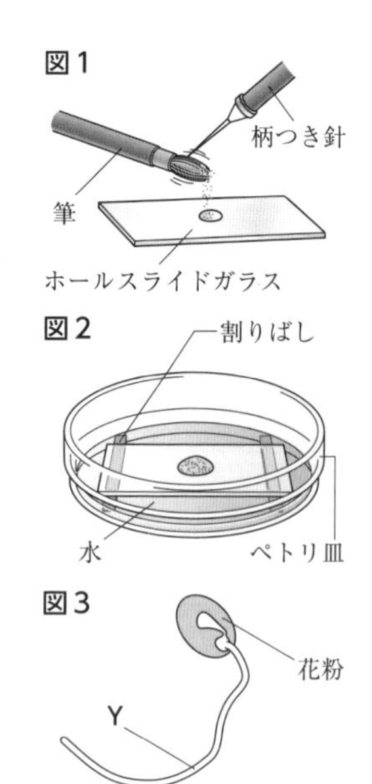

(1) **図3**の**Y**を何というか。（　　　　）

(2) 実験結果からわかることを，次の**ア**～**エ**から選べ。（　　　　）

ア　ショ糖水溶液の濃度が高いほど，**Y**の長さが長くなる。

イ　実験するときの温度が低いと，**Y**はのびない。

ウ　ショ糖が溶けていなくても，**Y**はのびる。

エ　それぞれの花粉からのびる**Y**は，すべて同じ方向に向かってのびる。

(3) 次の文の（　）に当てはまる語句を答えよ。①（　　　　）②（　　　　）

受粉後，**図3**の**Y**が（　①　）に向かってのび，**Y**の先端が（　①　）まで達すると，**Y**の中の精細胞が（　①　）の中の卵細胞に受け入れられて受精する。受精した卵細胞は分裂をくり返して（　②　）になり，（　②　）を含む（　①　）全体が種子になる。

3 エンドウの種子を使って，遺伝に関する実験を行った。［10点×4］〈山梨〉

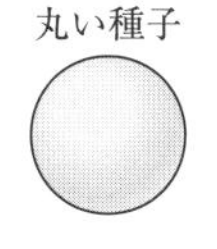

［実験１］ 図のような丸い種子をつくる純系の種子と，しわのある種子をつくる純系の種子から，それぞれ育てたエンドウを交配させた。このときできた種子はすべて〈丸〉であった。

［実験２］ 実験１でできた種子から育てたエンドウどうしを交配させた。このときできた種子は〈丸〉と〈し

…種子と，実験１でできた種子から，それぞれ育てた
…きた種子は〈丸〉と〈しわ〉であった。
…合わせは，どのように表されるか。ただし，丸い形
…を伝える遺伝子をａで表すものとする。

（　　　　　）

…丸い種子はおよそ何個あると考えられるか。次の

（　　　　　）

…3000個　**エ**　4000個　**オ**　4500個

…子の数の比を，簡単な整数の比で表すとどのように

（　　　　　）

…1：1　**エ**　2：1　**オ**　3：1

…がつぼみの時期に，おしべをとり除いた。その目的

）

□は、□て ゆく人だ。

…類の前あしについて調

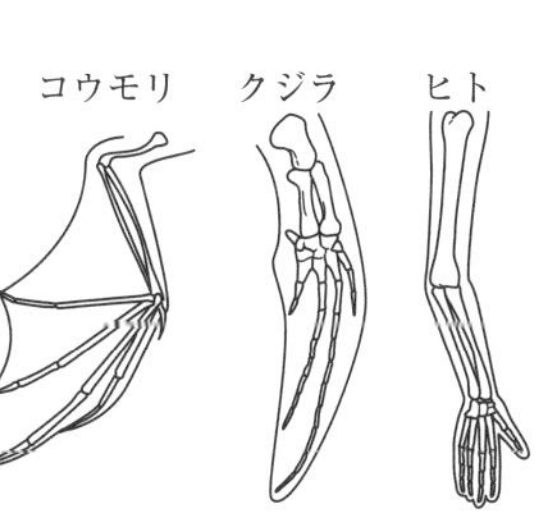

…あしはひれ，ヒトの前
…り，前あしの…はたらきは異なっている。しかし，前あしの（　　）の基本的なつくりには共通点がある。これは，前あしの基本的なつくりが同じである<u>過去のセキツイ動物から変化した</u>証拠と考えられる。

(1) 文中の（　　）に当てはまる言葉を答えよ。

（　　　　　）

(2) 下線部のように，生物が長い年月をかけて，代を重ねる間に変化することを何というか。

（　　　　　）

(3) 下線部のような変化は，なぜ起こったのか。解答欄の書き出しに続けて簡潔に書け。

（生息する環境に　　　　　　　　　　　　　　　　　　）

13日目 地球と宇宙

学習日　　月　　日

基礎問題

解答➡別冊解答14ページ

1 地球の自転・公転による天体の動き

① 地球は${}_a$地軸を中心に回転しながら，${}_b$太陽のまわりを回っています。a・bの運動を何といいますか。

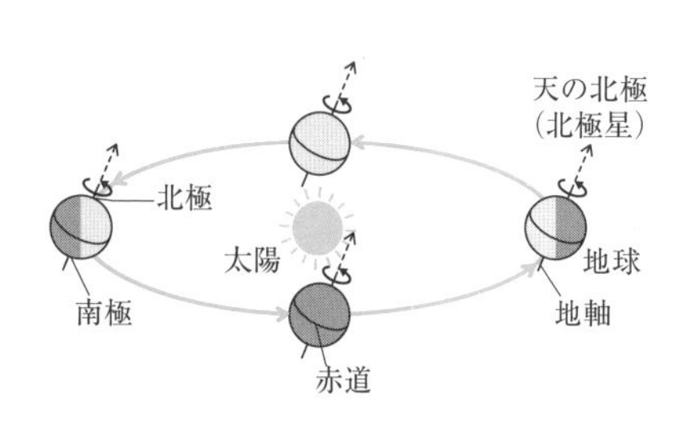

a〔　　　　　〕
b〔　　　　　〕

② ①のa・bの向きは，天の北極(北極星)のほうから見ると，時計回りですか，反時計回りですか。

a〔　　　　　〕
b〔　　　　　〕

③ 地軸は公転面に垂直ですか，傾いていますか。

〔　　　　　〕

④ ①のa・bが原因で起こる太陽や星の動きを何といいますか。

a〔　　　　　〕
b〔　　　　　〕

⑤ 日本で観察して，星が右のA～Dのように動くのは，東・西・南・北のどの方位ですか。

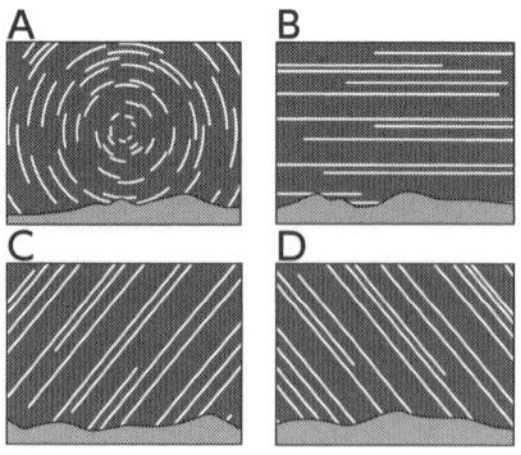

A　B　C　D

A〔　　　〕　B〔　　　〕
C〔　　　〕　D〔　　　〕

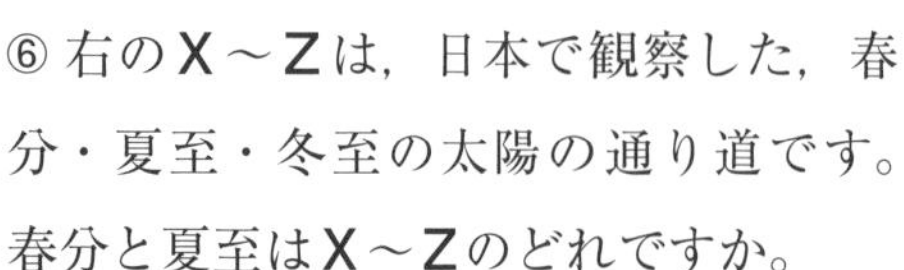

⑥ 右のX～Zは，日本で観察した，春分・夏至・冬至の太陽の通り道です。春分と夏至はX～Zのどれですか。

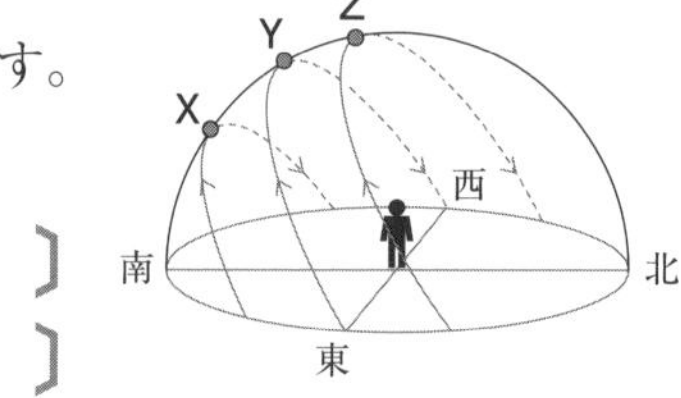

春分〔　　　〕
夏至〔　　　〕

⑦ 太陽の通り道が1年のうちで変化するのはなぜですか。

〔地球が　　　　　　状態で　　　　　　しているから〕

地球の自転・公転による天体の動き

知っトク

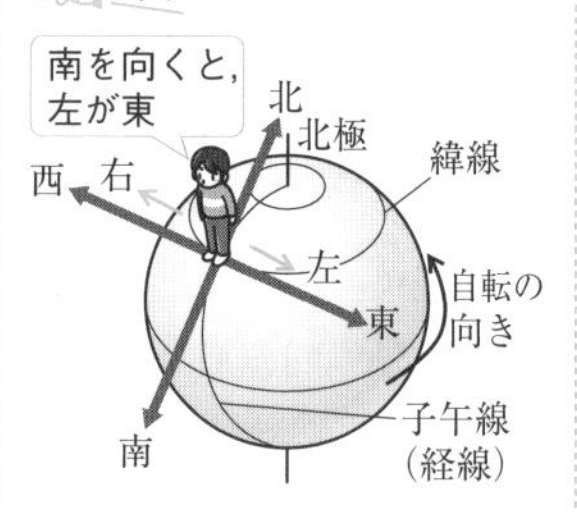

知っトク

日周運動・年周運動の向き
地球の自転も公転も天の北極から見て反時計回り。そのため，天体の日周運動も年周運動も向きが同じ(東→西)。

知っトク

太陽の南中高度…春分・秋分は「90°－その地点の緯度」。この値より，夏至は23.4°高く，冬至は23.4°低い。
日の出・日の入りの方位…春分・秋分は真東と真西。夏至は真東・真西より北寄り，冬至は南寄り。
昼夜の時間…春分・秋分は同じ。夏至は昼が夜より長く，冬至は夜が昼より長い。

注意！ **四季の変化の原因**
地軸が公転面に垂直だったら，太陽の1日の通り道は1年中変化しない(春分・秋分と同じ)。よって，季節の変化が起こらない。

⑧ 真南に見えたオリオン座を１か月後の同じ時刻に観察すると，約何度，東西南北のどの向きに移動して見えますか。

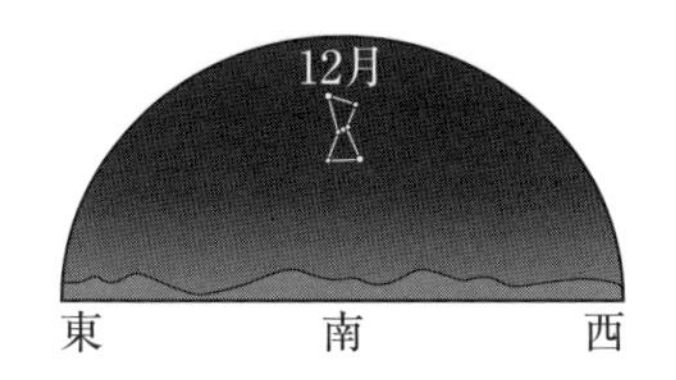

角度〔　　　〕 向き〔　　　〕

2 月と金星の見え方

⑨ 月は，右下の図のように，地球のまわりを公転しています。aは満月，b上弦の月(右半分が輝く半月)，c下弦の月(左半分が輝く半月)，d新月になるのは，月がA～Hのどの位置にあるときですか。

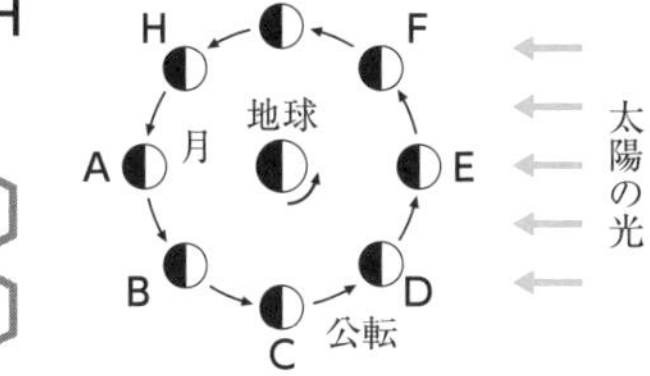

a〔　　　〕 b〔　　　〕
c〔　　　〕 d〔　　　〕

⑩ Gの位置にある月がa南中する時刻とb地平線に沈む時刻は,「真夜中」「正午」「明け方」「夕方」のどれですか。

a〔　　　　〕 b〔　　　　〕

⑪ 右の図のA・B・C・Dの位置にある金星は，日本から見ると，明け方・夕方のどちらの時刻に，東西南北のどの方位の空に見えますか。

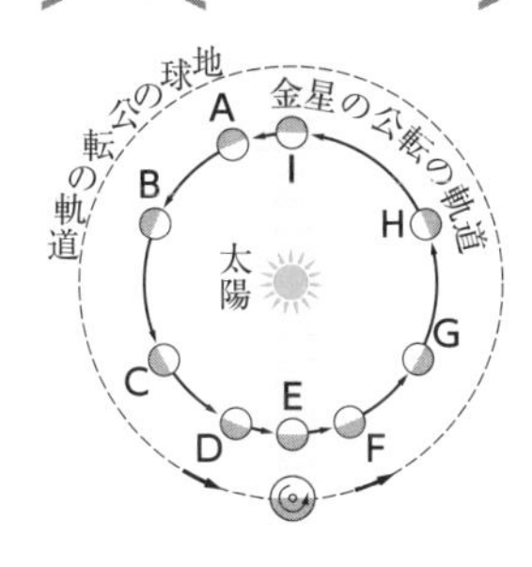

時刻〔　　　　〕
方位〔　　　　〕

⑫ F・G・Hの位置にある金星のうち，a見かけの直径が最も小さいもの，b欠けが最も大きいものはどれですか。

a〔　　　〕 b〔　　　〕

3 太陽系と宇宙の広がり

⑬ 太陽のように，自ら光を出して輝く天体を何といいますか。

〔　　　　〕

⑭ 太陽の黒点が黒く見えるのは，その部分の温度が周囲に比べてどうだからですか。

〔　　　　　　〕

⑮ 太陽系の８つの惑星を２種類に分けるとき，大きさや質量が大きく，密度が小さい４つを何といいますか。

〔　　　　　　〕

知っトク オリオン座の年周運動

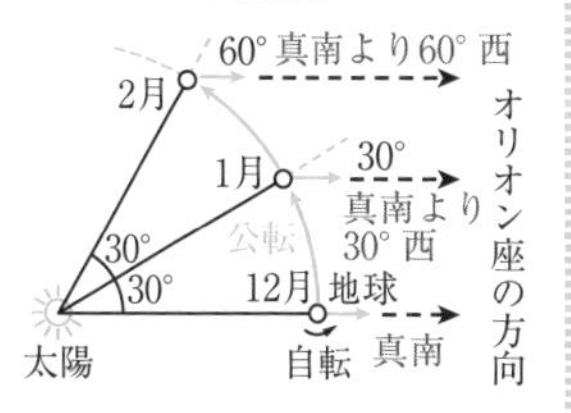

地球が公転するので，真夜中の地球から見たオリオン座の方位が変化する。

月と金星の見え方

知っトク

日食…太陽が月にかくされて欠ける現象。新月の日に起こることがある。

月食…月が地球の影の中に入って欠ける現象。満月の日に起こることがある。

よくでる 金星の見え方

見える時刻・方位…明け方の東の空か，夕方の西の空に見える。

見かけの直径…地球に近いときほど大きい。

欠けの大きさ…地球に近いときほど大きい。

欠ける側…太陽の反対側が欠けて見える。

太陽系と宇宙の広がり

注意！

地球型惑星…太陽からの距離が近い４惑星。大きさや質量が小さく，密度が大きい。

木星型惑星…太陽からの距離が遠い４惑星。大きさや質量が大きく，密度が小さい。

知っトク

太陽系は銀河系という恒星の大集団の中にある。

宇宙には銀河系と同様の恒星の大集団(銀河)が無数にある。

地球と宇宙

得点

／100点

基礎力確認テスト

解答➡別冊解答14ページ

1 夏至の日，北緯32.0°のある地点で透明半球を使って太陽の動きを調べた。**図1**の**C**は透明半球の中心であり，曲線**EIG**はこの日の太陽の動きを記録したもので，**I**は太陽が南中したときの位置を表している。［7点×4］〈鹿児島〉

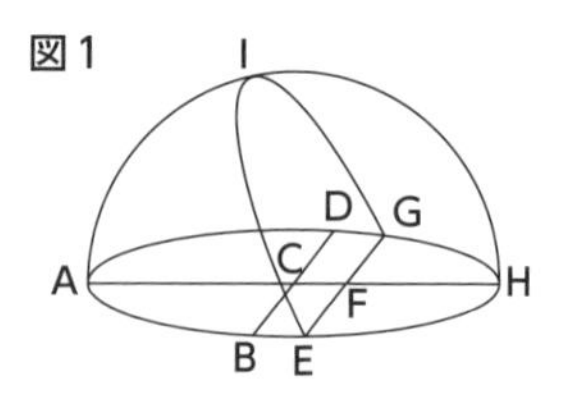

(1) 透明半球に太陽の位置を記録するとき，ペンの先の影が**図1**のどこと一致するようにして印をつけるか。**A**～**I**から選べ。（　　　）

(2) この日の太陽の南中高度を表しているのは，次の**ア**～**エ**のどれか。

ア　∠AHI　**イ**　∠AFI　**ウ**　∠ACI　**エ**　∠CAI　（　　　）

(3) この地点で，秋分の日の太陽の動きを透明半球に記録するとどのようになるか。**図2**に実線でかき加えよ。ただし，**図2**は，**図1**の透明半球を**B**の方向から見たもので，点線は夏至の日の太陽の動きである。

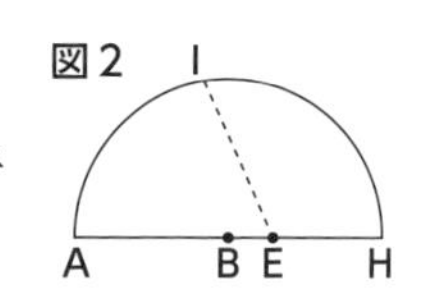

(4) 地球は，公転面に対して垂直な方向から地軸を23.4°傾けたまま公転している。地軸の傾きが0°であると仮定すると，この地点での太陽の南中高度は，1年間にどのようになるか。次の**ア**～**エ**から選べ。（　　　）

ア　23.4°のままで変化しない。　**イ**　58.0°のままで変化しない。

ウ　23.4°～32.0°の範囲で変化する。　**エ**　32.0°～58.0°の範囲で変化する。

2 ある日の21時にオリオン座が**図1**のようにほぼ真南に見え，<u>その1時間後</u>には位置が変化していた。また，翌日の21時には，前日の21時とほぼ同じ位置に見えた。［6点×5］〈岐阜〉

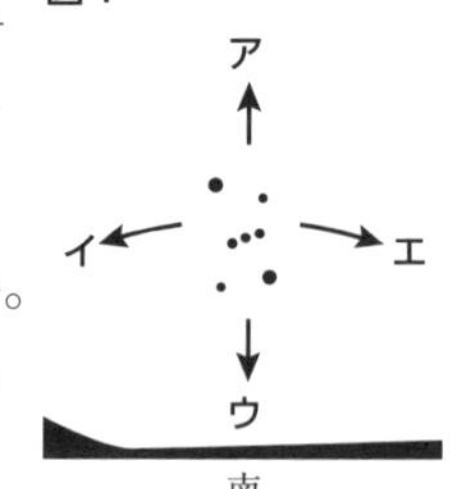

(1) 下線部の1時間で，オリオン座は**図1**の**ア**～**エ**のどの方向に動いたか。（　　　）

(2) この観察から，オリオン座は時間とともに位置を変え，1日後にはほぼ同じ位置に見えることがわかる。このようなオリオン座の見かけの動きを何というか。また，このような動きをする理由を簡潔に説明せよ。

名称（　　　）

理由（　　　）

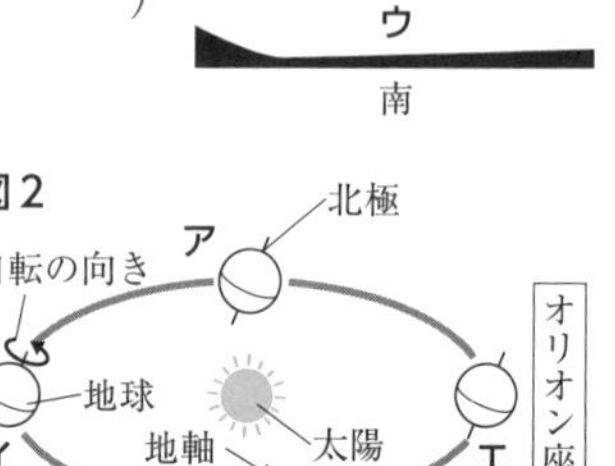

(3) この観察から1か月後に，オリオン座が**図1**とほぼ同じ真南の位置に見えるのは何時頃か。次の**ア**～**オ**から選べ。（　　　）

ア　19時　**イ**　20時　**ウ**　21時　**エ**　22時　**オ**　23時

⑷ **図2**は，太陽と地球とオリオン座の位置関係を模式的に表している。明け方にオリオン座が南中するのは，地球が**ア**～**エ**のどの位置にあるときか。　（　　　）

3 右の図は，地球・金星・太陽の位置関係を模式的に表している。AとPはある日における地球と金星の位置，BとQはそれから1か月後の位置である。［6点×4］〈栃木〉

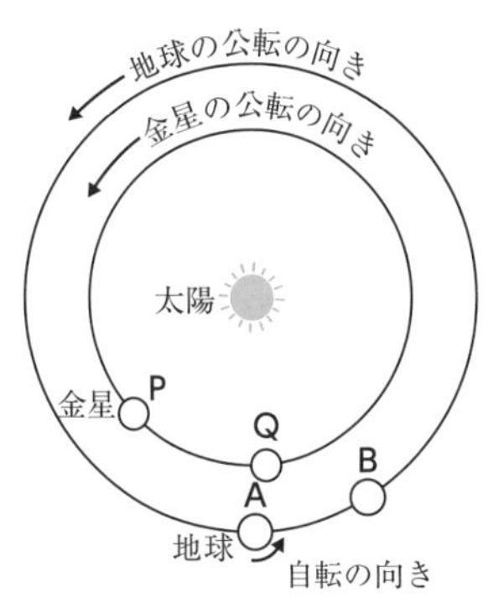

⑴ 図のPの位置に金星があるとき，地球から見た太陽の方向と金星の方向のなす角は45°であった。この日の金星は，太陽が地平線に沈んでから何時間後に沈むか。ただし，金星は太陽が沈んだ位置とほぼ同じ位置に沈むものとする。

（　　　）

⑵ 図のPの位置にある金星を望遠鏡で観測したところ，その半分が光って見えた。この日から1か月間，毎日同じ時刻に観測すると，金星の$_a$見かけの大きさと$_b$満ち欠けはどうなるか。aは「大きくなる」「小さくなる」，bは「満ちていく」「欠けていく」のいずれかで答えよ。

a（　　　）　b（　　　）

⑶ 金星が太陽のまわりを1周して図のPの位置に再びきたとき，金星は地球から，いつ頃，どの方位の空に見えるか。時刻は「明け方」「夕方」，方位は「東」「西」のいずれかで答えよ。ただし，地球の公転周期は1年，金星の公転周期は0.62年とする。

（時刻　　　方位　　　）

4 太陽系には8つの惑星がある。表は，それらの特徴をまとめたものである。

［6点×3］〈愛知・改〉

	太陽からの距離*	公転周期〔年〕*	質量*	半径*	密度〔g/cm³〕
水星	0.39	0.24	0.06	0.38	5.43
金星	0.72	0.62	0.82	0.95	5.24
地球	1	1	1	1	5.52
火星	1.52	1.88	0.11	0.53	3.93
木星	5.20	11.9	318	11.2	1.33
土星	9.55	29.5	95.2	9.45	0.69
天王星	19.2	84.0	14.5	4.01	1.27
海王星	30.1	165	17.2	3.88	1.64

（＊は地球を1としたときの値）

⑴ 木星型惑星は，地球型惑星に比べて，半径・質量・密度が大きいか，小さいか。

（半径　　　質量　　　密度　　　）

⑵ 太陽系の惑星について表からいえることを，次の**ア**～**ウ**から選べ。　（　　　）

ア　太陽からの距離が長くなるほど，公転周期が長くなる。

イ　公転周期が長くなるほど，質量が大きくなる。

ウ　密度が大きくなるほど，太陽からの距離が短くなる。

⑶ 金星・地球・火星を，それぞれの公転軌道を移動する速さが大きいものから順に並べよ。ただし，どの惑星も，太陽を中心とする円形の軌道を一定の速さで動くものとする。

（　　　）

生態系と人間

学習日　　月　　日

基礎問題

解答➡別冊解答15ページ

1 生態系の成り立ち

① 生物と，それをとり巻く環境(水・大気・土・光など)とを1つのまとまりとしてとらえたものを何といいますか。

〔　　　　〕

② ①の中に見られる，植物の葉をバッタが食べ，バッタをカマキリが食べるような「食べる・食べられるの関係」を何といいますか。 〔　　　　〕

③ 次の生物は，生態系の中での役割から，何とよばれますか。

a　無機物から有機物をつくり出し，自分のつくった栄養分で生きる生物 〔　　　　〕

b　aのつくった有機物を直接・間接にとり入れて生きる生物

〔　　　　〕

④ 次の**ア**～**キ**から，③の**b**を4つ選びなさい。

〔　　〕〔　　〕〔　　〕〔　　〕

ア　イネ　　**イ**　ウシ　　**ウ**　ミミズ　　**エ**　タンポポ

オ　ヒト　　**カ**　カビ　　**キ**　植物プランクトン

⑤ ③の**b**のうち，生物の死がいや排出物から有機物を得る生物を，特に何といいますか。 〔　　　　〕

⑥ ④で選んだ4つの中から，⑤を2つ選びなさい。

〔　　〕〔　　〕

⑦ 1つの生態系(例えば，1つの森林)で暮らす植物の数量をX，草食動物の数量をY，肉食動物の数量をZとすると，X～Zの間にどのような関係がありますか。＝や＞，＜を用いた式で示しなさい。 〔　　　　〕

⑧「植物→ウサギ→キツネ」という食物連鎖がある生態系で，人間がウサギを大量に捕獲(ほかく)すると，その直接の影響で，キツネ・植物の数量はどう変化しますか。

キツネ〔　　　　〕　植物〔　　　　〕

生態系の成り立ち

知っトク
生物は環境から影響を受けるだけでなく，環境を変える。例えば，生物の進化で光合成をする植物が現れたことにより，大気中の二酸化炭素が減少し，酸素が増加した。

資料　陸上の食物連鎖の例

植物
↓
ウサギ
↓
キツネ

知っトク
食物網(もう)…実際の生態系において，食物連鎖が複雑にからみ合い，網の目のようになったもの。

注意!　生物の数量のつり合い

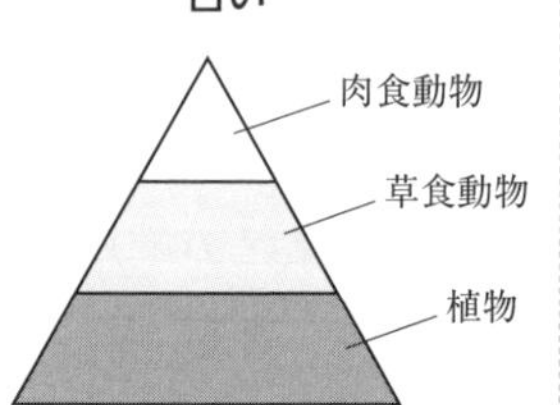

生態系の中の生物の数量がつり合っているときには，食べられる生物のほうが，食べる生物よりも多い。

⑨ 下の図は，生態系の中を炭素が無機物になったり有機物になったりして循環するようすです。大気中の物質**A**は何ですか。

〔　　　　　　〕

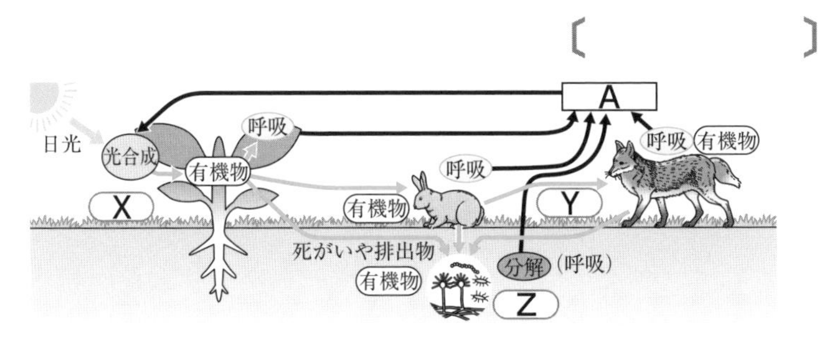

⑩ 上の図の生物**X**～**Z**には，分解者・生産者・消費者のどれが当てはまりますか。

X〔　　　　　　〕　Y〔　　　　　　〕　Z〔　　　　　　〕

2 生態系の中で暮らす

⑪ 火力発電や自動車を利用して化石燃料を大量に消費すると，大気中の$_a$ある物質の量がふえ，$_b$地球規模で温度が上昇する一因になると考えられています。**a**の物質名，**b**の現象名を答えなさい。

a〔　　　　　　〕　b〔　　　　　　〕

⑫ 白熱電球よりもＬＥＤ電球を使うほうが電気エネルギーの有効利用になります。それは，ＬＥＤ電球のほうが白熱電球よりもエネルギーの変換効率がどうだからですか。

〔　　　　　　から〕

⑬ 電球によって電気エネルギーを光エネルギーに変換するとき，目的以外の何エネルギーが生じますか。

〔　　　　　　エネルギー〕

⑭ ウランなどの放射線を出す物質を何といいますか。

〔　　　　　　〕

⑮ 放射線(X線，α線，β線，γ線，中性子線)のうち，レントゲン検査に利用されているものはどれですか。〔　　　　　　〕

⑯ くり返し利用することができるエネルギー資源を，次の**ア**～**エ**からすべて選びなさい。〔　　　　　　〕

ア　地熱　　**イ**　石油　　**ウ**　太陽光　　**エ**　天然ガス

⑰ 石油などから人工的につくられた高分子化合物を何といいますか。〔　　　　　　〕

⑱ ペットボトルの本体の原料となっている⑰を何といいますか。

〔　　　　　　〕

よくでる　分解者の役割

分解者は有機物を無機物にする。その無機物を，生産者がとり入れて，有機物にする。こうして，炭素は生態系の中を循環し，なくなることはない。

生態系の中で暮らす

知っトク

生態系を破壊しないために，わたしたちにできること

- 化石燃料の使用を減らす。
- 森林の大量伐採をせず，植林を進める。
- 生活排水や工場廃水をそのまま放出せず，浄化してから川や海に流す。
- 外来種(その生態系にいない生物)を持ちこまない。

資料

温室効果ガス(二酸化炭素など)は，地球から宇宙に出ていこうとする赤外線を吸収し，熱を逃がさない。

注意!

- 放射性物質…放射線を出す物質。
- 放射能…放射性物質が放射線を出す能力。

知っトク

プラスチックに共通の性質

- 電気を通しにくい。
- 熱を加えると変形しやすい。
- 有機物なので，燃えると二酸化炭素を出す。

生態系と人間

得点
/100点

基礎力確認テスト

解答➡別冊解答15ページ

1 右の図は，ある池で観察された生物どうしの，食べる・食べられるというつながりを矢印で表している。［8点×3］〈新潟〉

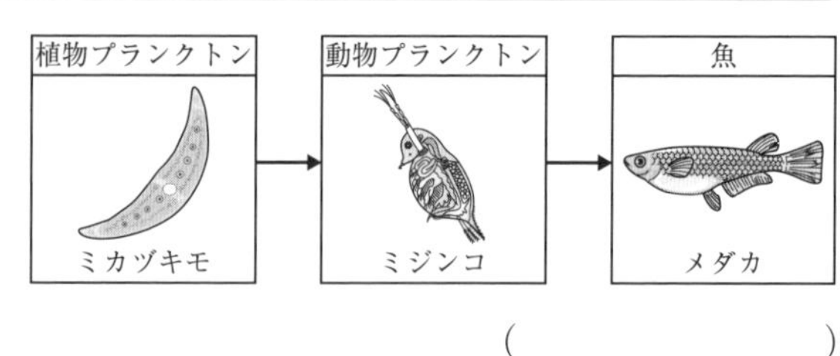

(1) 下線部を何というか。

（　　　　　）

(2) 生態系で，ミジンコなどの動物プランクトンやメダカのように池にすむ生物を食べる動物を消費者という。これに対して，ミカヅキモなどの植物プランクトンやアサガオのように光合成をして栄養分をつくり出す生物を何というか。

（　　　　　）

(3) 何らかの原因で，肉食性の魚の数量が急激に減少すると，植物プランクトンと動物プランクトンの数量は，その後一時的にどうなるか。「増加」「減少」のいずれかで答えよ。

（植物プランクトン　　　　　動物プランクトン　　　　　）

2 右の図は，自然界におけるA～Dで示した生物どうしのかかわりと，ある物質の循環を表している。

［7点×4］〈沖縄〉

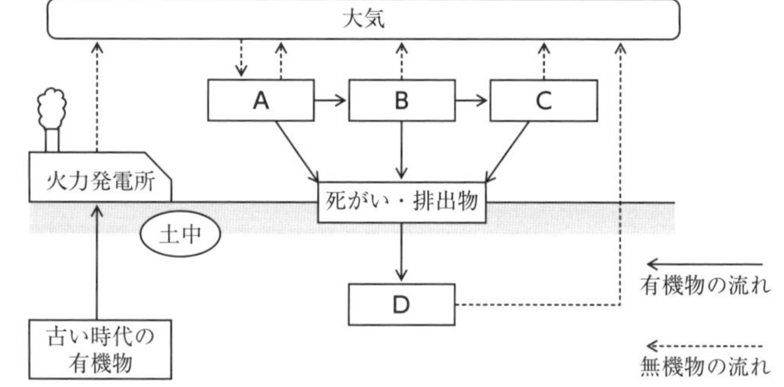

(1) 生物Dは，自然界でのはたらきから何とよばれるか。

（　　　　　）

(2) 生物Bが急激に増えると，A・Cの個体数は次の段階でどのようになるか。次のグラフア～エから選べ。

（　　　　　）

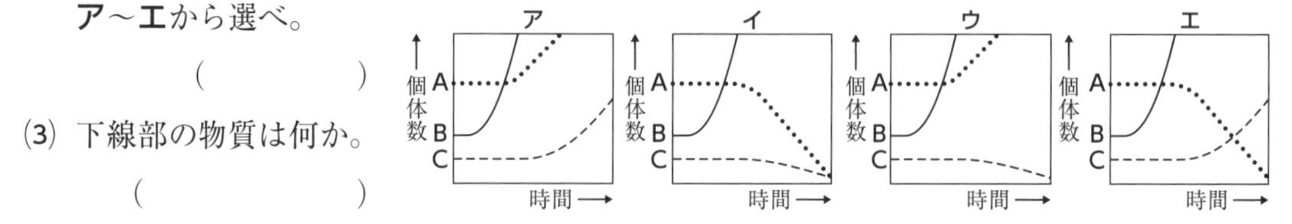

(3) 下線部の物質は何か。

（　　　　　）

(4) 地球の古い時代の動植物に含まれていた有機物は，石油・石炭・天然ガスとして利用されており，化石燃料とよばれる。近年，化石燃料の大量消費により，大気中のCO_2濃度が上昇している。それが要因で引き起こされていると考えられる環境問題を，次のア～エから1つ選べ。

ア　地球温暖化　　**イ**　赤潮　　**ウ**　酸性雨　　**エ**　光化学スモッグ　　（　　　　　）

3 次の実験について，問いに答えなさい。［6点×4］〈千葉・改〉

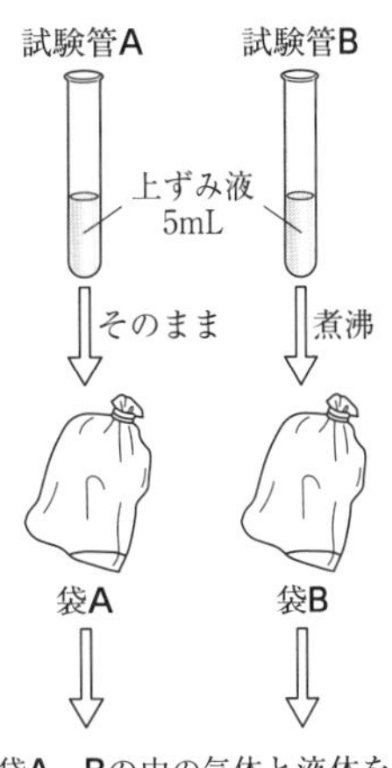

① 水の入ったビーカーに，林の落ち葉の下の土を入れ，よくかき混ぜて，しばらく放置した。

② 試験管A・Bを用意し，ビーカーの上ずみ液を5mLずつ入れた。

③ 試験管Aはそのままにし，Bは上ずみ液を煮沸（しゃふつ）した。

④ 試験管A・Bの液体をそれぞれポリエチレンの袋A・Bに移し，1％のデンプンのりを同じ量ずつ加え，空気を入れて密閉した。

⑤ 3日後，袋A・Bの気体を石灰水に通して変化を調べた。さらに，袋A・Bの中の液体にヨウ素液を加えて変化を調べた。

図はこの実験の概略（がいりゃく）であり，表は結果をまとめたものである。

(1) 操作③で試験管Bの上ずみ液を煮沸した目的を，解答欄の書き出しに続けて書け。

	袋の中の気体を石灰水に通したときの変化	袋の中の液体にヨウ素液を加えたときの変化
袋A	白くにごった	変化がなかった
袋B	変化がなかった	青紫色になった

（上ずみ液の中にいる微生物　　　　　　　　　　　）

(2) 実験の結果からわかることは何か。袋A・Bについて，次のア～エから1つずつ選べ。

袋A（　　　　　）　袋B（　　　　　）

ア　二酸化炭素は発生せず，デンプンは分解されていない。

イ　二酸化炭素は発生せず，デンプンは分解されている。

ウ　二酸化炭素が発生し，デンプンは分解されていない。

エ　二酸化炭素が発生し，デンプンは分解されている。

(3) 次の文章は，実験の条件の決め方について述べている。（　　）に当てはまることばを簡潔に書け。

（　　　　　　　　　）

この実験では，袋AとBの結果が異なることの原因を1つに特定（とくてい）できるように，試験管AとBの条件を決めている。実験の計画を立てるときには，「結果を比べることで原因が特定できるように条件を決める」ことが重要であり，そのためには，条件を（　　　）ものを用意して実験を行うとよい。

4 次の問いに答えなさい。［8点×3］

(1) 地球の大気中に含まれる二酸化炭素などの気体が，地球から宇宙に向かう熱を吸収，再放出し，気温の上昇をもたらす効果を何というか。〈長崎〉　（　　　　　　　　）

(2) 太陽エネルギー・地熱エネルギーなどのいつまでも利用できるエネルギーを，枯渇性（こかつせい）エネルギーに対して，何というか。〈茨城〉　（　　　　　　　エネルギー）

(3) 放射線について，正しいことを述べている文はどれか。〈栃木〉　（　　　）

ア　直接，目で見える。　　**イ**　ウランなどの種類がある。

ウ　自然界には存在しない。　　**エ**　物質を通り抜けるものがある。

第1回　3年間の総復習テスト

時間……40分　　　解答➲別冊解答16ページ

得点　　／100点

1 透明なポリエチレン袋A～Dを用意し，図1のように，A・Bには採取したばかりのタンポポの葉を入れて息を吹きこみ，C・Dには何も入れずに息を吹きこんで，A～Dの中の二酸化炭素の割合(濃度)を気体検知管で測定した。その後，図2のように，A～Dを輪ゴムで密閉してから，A・Cを日の当たる場所に，B・Dを日の当たらない場所(暗所)に放置した。数時間後，A～Dの中の二酸化炭素の割合を再び気体検知管で測定し，袋を放置する前と比べた。表はその結果をまとめたものである。

図1

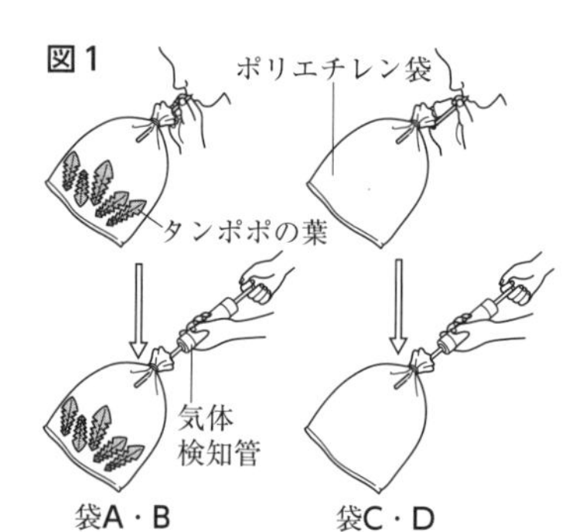

図2

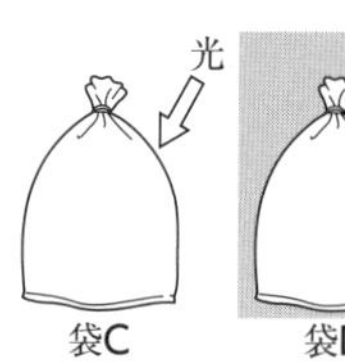

袋B　袋D

［4点×5］〈静岡〉

	袋A	袋B	袋C	袋D
二酸化炭素の割合(濃度)	減少した	増加した	変化なし	変化なし

(1) 葉の表皮には，2つの三日月形の細胞に囲まれたすき間があり，二酸化炭素などの気体の出入り口としてはたらいている。このすき間を何というか。

(　　　　)

(2) 次の文は，袋C・Dを用意した目的を述べている。(　　)に語句を補いなさい。

①(　　　　)　②(　　　　)

袋を置く場所にかかわらず，(　①　)の変化が(　②　)によることを確かめるため。

(3) 袋A・Bの中にあるタンポポの葉のはたらきを，次のア～エから1つずつ選べ。

A(　　　)　B(　　　)

ア　光合成だけを行っていた。　　**イ**　呼吸だけを行っていた。

ウ　光合成と呼吸の両方を行っていたが，光合成のほうが盛んであった。

エ　光合成と呼吸の両方を行っていたが，呼吸のほうが盛んであった。

2 図1のように，透明な直方体の厚いガラスを通して鉛筆を観察した。①ガラスの前面から見ると，ガラスごしに見える部分は，直接見える部分とずれて見えることがあった。また，②側面からガラスごしに見ると，どの位置からも鉛筆は見えなかった。［4点×3］〈長崎〉

図1　　図2

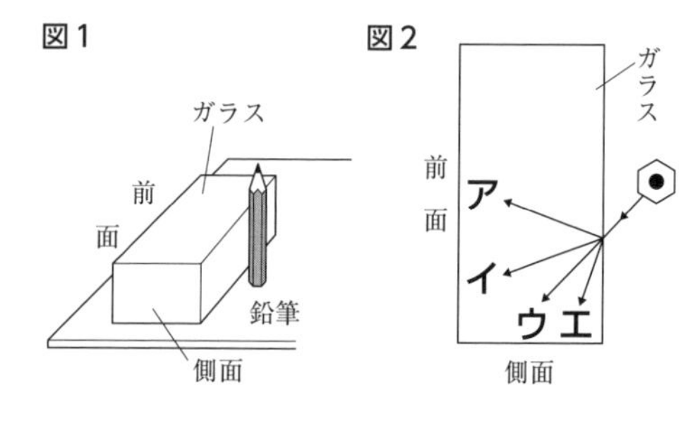

(1) 下線部①・②は，光がどのような進み方をしたために起こった現象か。光の進み方の名称を答えなさい。

①(　　　　)　②(　　　　)

⑵ **図2**は**図1**を真上から見たようすである。鉛筆から矢印の方向に進んだ光は，ガラスの中では**ア**～**エ**のどの方向に進むか。ただし，**ウ**は光がそのまま直進した場合の方向を示している。

（　　　　）

3 右の図は，日本のある地点で，連続した3日間の気温と湿度を観測し，結果をまとめたものである。この地点では，観測した3日間のうち，一度だけ雨が降った。

［4点×5］

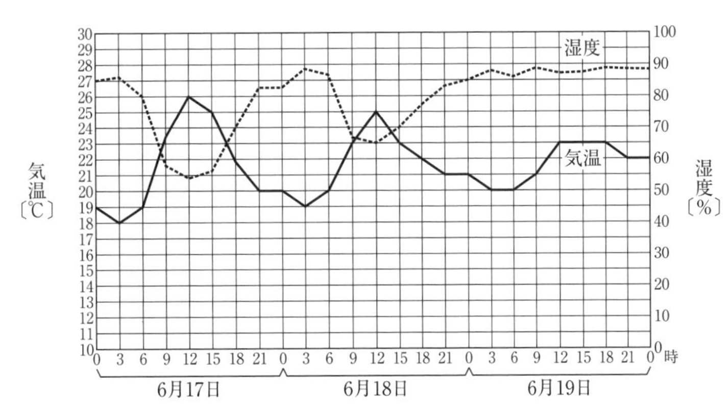

⑴ 次の文は，気象観測における気温の測定方法を述べている。文中の**X**に当てはまるものを下の**ア**・**イ**から，**Y**に当てはまるものを下の**A**・**B**から選べ。〈高知〉

（**X**　　　　**Y**　　　　）

気温は，風通しがよく，日光が直接（　**X**　）場所で，地上（　**Y**　）mくらいの高さで測定する。

ア　当たる　　**イ**　当たらない　　**A**　0.5　　**B**　1.5

⑵ 図の気温と湿度の変化から，雨が降ったときを含む時間帯を，次の**ア**～**エ**から選べ。〈高知〉

（　　　　）

ア　6月17日6時～12時　　**イ**　6月18日0時～6時

ウ　6月18日12時～18時　　**エ**　6月19日6時～12時

⑶ 次の文の（　　）に「高く」「低く」のいずれかを入れなさい。〈茨城〉

（①　　　　②　　　　③　　　　）

気圧が（　①　）なると晴れることが多い。おだやかに晴れた日の湿度は，気温が上がると（　②　）なり，気温が下がると（　③　）なる。晴れた日の気温は，夜になると熱が宇宙空間に逃げていく現象によりしだいに低下し，日の出ころに最も低くなる。

⑷ ⑶の下線部の現象を何というか。〈茨城〉

（　　　　）

⑸ 次の文の**ア**～**キ**には「陸」か「海」が入る。「陸」が入るものをすべて選べ。〈静岡〉

（　　　　）

（　**ア**　）は（　**イ**　）よりも温まりやすいため，夏のおだやかに晴れた日の昼間は（　**ウ**　）上よりも（　**エ**　）上の気温が高くなる。その結果，（　**オ**　）上に上昇気流ができ，（　**カ**　）上の気圧が（　**キ**　）上の気圧よりも低くなるので，海岸付近では，海から陸に向かって海風がふく。

4 マグネシウムの粉末を加熱したときの質量の変化を調べるために，次の手順で実験をした。表は，その結果をまとめたものである。［4点×4］〈兵庫〉

マグネシウムの質量〔g〕	0.20	0.40	0.80	1.20	1.60
生成物の質量〔g〕	0.33	0.67	1.33	2.00	2.67

① 加熱したときにマグネシウムや酸素と反応しない皿を用意し，その質量をはかる。

② マグネシウムの粉末0.20gを皿にのせる。

③ マグネシウムの粉末を皿に広げ，全体の色が変化するまで加熱する。

④ 皿が冷えるまで待ち，質量をはかる。

⑤ 薬さじでよくかき混ぜたあと，③・④の操作を質量が変化しなくなるまでくり返し，そのときの質量から皿の質量を引いたものを，生成物の質量とする。

⑥ マグネシウムの質量をいろいろに変え，①～⑤と同様の操作で，生成物の質量を求める。

(1) マグネシウムの粉末を加熱したときの化学変化を，化学反応式で書きなさい。

（　　　　　　　　　　　　　　　）

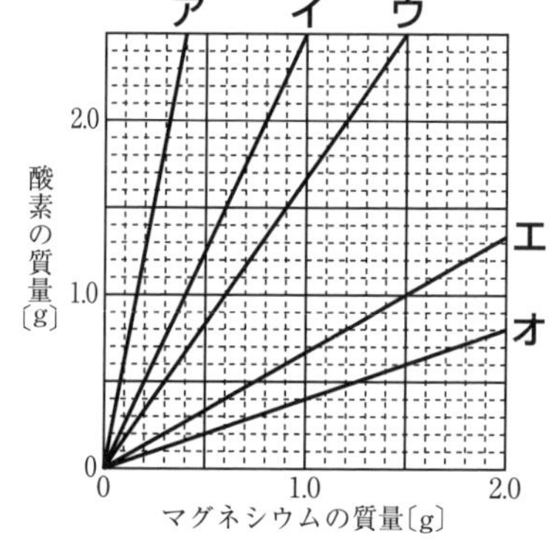

(2) 加熱に用いたマグネシウムの質量と結びついた酸素の質量の関係を表すグラフは，右の**ア**～**オ**のどれか。

（　　　　）

(3) マグネシウムの質量と結びつく酸素の質量の比はいくらか。最も簡単な整数の比で書きなさい。

マグネシウム：酸素＝（　　　　　　）

(4) ①～③と同様の操作で，2.10gのマグネシウムの粉末を一度だけ加熱し，冷えてから質量をはかると，3.15gであった。酸素と反応していないマグネシウムは何gか。四捨五入して，小数第二位まで求めなさい。（　　　　　）

5 日本のある場所で3月25日午後7時に西の空を観測すると，金星・三日月・オリオン座が**図1**のように見えた。この金星を望遠鏡で観測すると，**図2**の形をしていた。ただし，この望遠鏡は，上下左右が，肉眼で見たときの逆に見える。［4点×5］〈徳島〉

図1

オリオン座
リゲル
金星
月
南西　　西

図2

(1) 月のように，惑星のまわりを公転する天体を何というか。

（　　　　　）

(2) **図1**の10日後に同じ場所で同じ時刻に月とオリオン座を観測すると，どのようになっているか。次の**ア**～**エ**から選べ。

（　　　　）

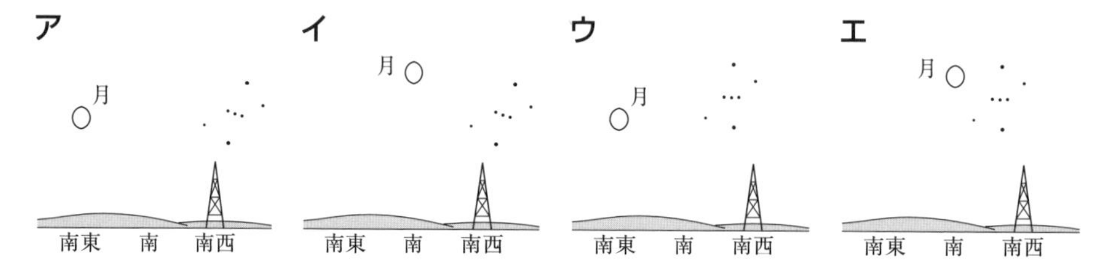

⑶ **図1**の30日後にも，金星の近くに三日月が見えた。**図3**は，太陽・地球・金星・月のようすを地球の北極側から見た模式図であり，**ア**～**エ**は金星を，**カ**～**ケ**は月を表している。**図1**の30日後の金星と月の位置を選べ。

金星(　　　　　)　月(　　　　　)

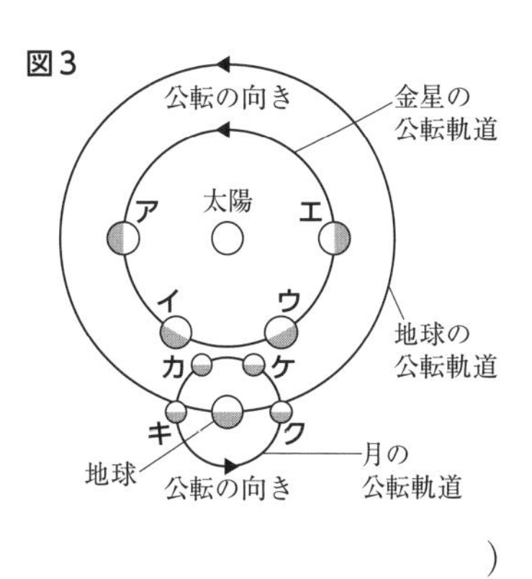

⑷ 金星を真夜中に見ることができないのはなぜか。理由を書きなさい。

(　　　　　　　　　　　　　　　　　　　　　　　　　　　　　)

6 **図1**のように，のび縮みしない糸の一方の端を天井の点**O**に固定し，他方におもりをつけた。糸がたるまないようにしておもりを点**P**の位置まで手で持ち上げ，静かにおもりを離した。おもりは最下点**Q**を通過し，点**P**と同じ高さの点**R**で一瞬止まり，その後は，**PR**間で往復運動をくり返した。

図2は，点**P**から点**R**に達するまでの，おもりのもつ位置エネルギーと点**P**からの水平方向の距離との関係を示したものである。［3点×4］〈栃木〉

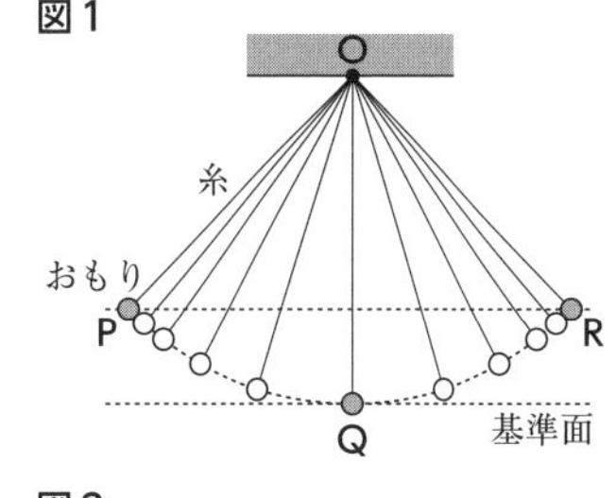

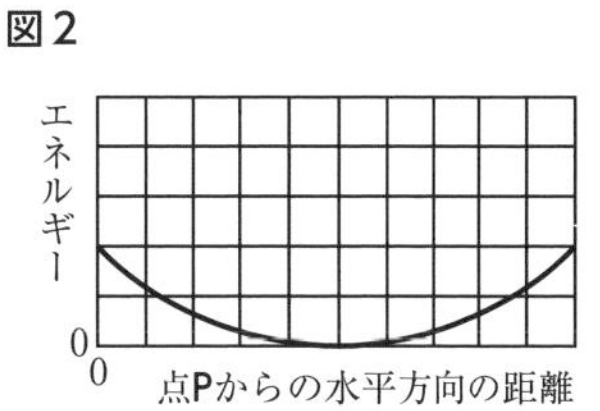

⑴ 点**R**では，おもりにどのような力がはたらいているか。次の**ア**～**エ**から選べ。

(　　　　　)

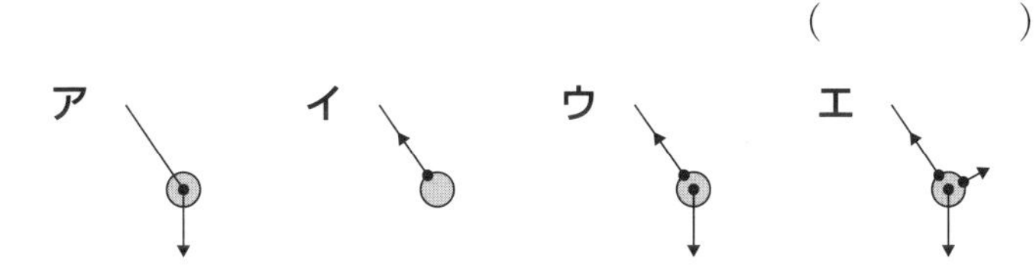

⑵ おもりが点**P**から点**R**に達するまでの，おもりのもつ運動エネルギーと点**P**からの水平方向の距離との関係を**図2**にかき加えると，どのようになるか。次の**ア**～**エ**から選べ。

(　　　　　)

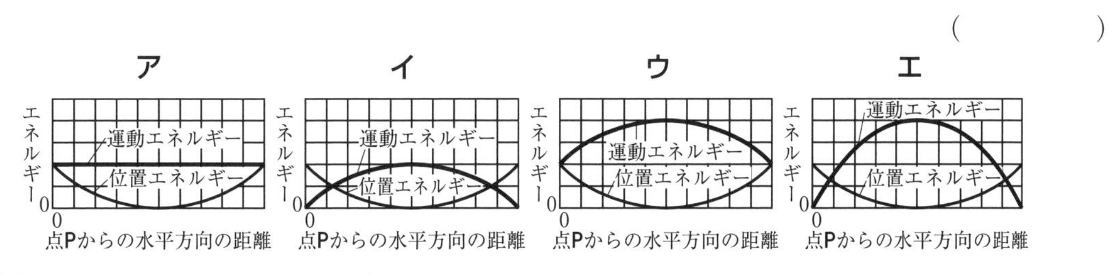

⑶ 次に，**図1**のおもりを，質量がもっと大きいものにとりかえた。このおもりを点**P**の位置で静かに離すと，①おもりが1往復する時間と②最下点**Q**でおもりがもつ運動エネルギーは，**図1**のときに比べてどのようになっているか。①は「長い」「短い」「同じ」，②は「大きい」「小さい」「同じ」のいずれかで答えなさい。ただし，とりかえたおもりの大きさと糸の長さは，**図1**のときと同じとする。

①(　　　　　　)　②(　　　　　　)

第2回　3年間の総復習テスト

時間……30分　　解答➲別冊解答18ページ　　得点　／100点

1 発生のようすを調べるために，カエルの受精卵を継続して観察した。受精卵は，まず1回細胞分裂をして2細胞の胚になり，その後さらに細胞分裂をくり返して，オタマジャクシになった。［4点×4］〈長崎〉

(1) 観察で見られた受精卵やさまざまな段階の胚のうち，細胞数が最も多いものは，右のどれか。

ア　イ　ウ　エ

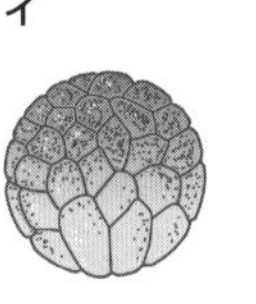

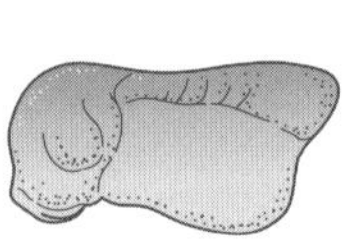

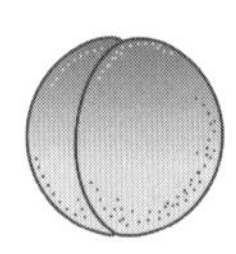

(　　　)

(2) **図1**は，カエルの生殖細胞の形成から受精後の最初の細胞分裂までの，染色体の伝わり方を模式的に示したものである。雄の体細胞および受精卵の染色体を**図1**のように表したとき，**Y**および**Z**の細胞に含まれる染色体はどのように表されるか。**図2**に記入せよ。

図1

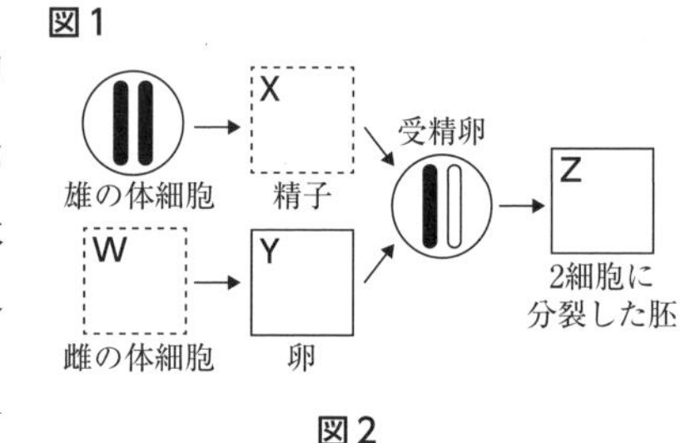

図2

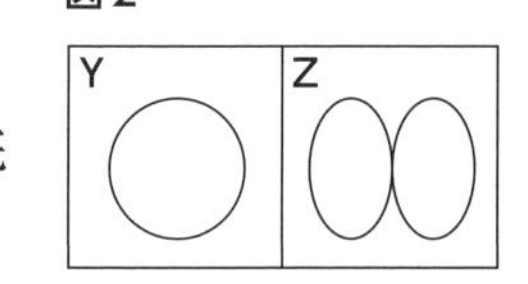

(3) 遺伝に関する次の文の(　①　)，(　②　)に適語を入れ，文を完成せよ。　①(　　　　)　②(　　　　)

生物の特徴となる形や性質を形質という。**図1**のような有性生殖では，子の形質は両親の(　①　)によって決まる。(　①　)は細胞の核内の染色体に存在し，その本体は(　②　)という物質である。

2 右の図は，水の温度と100gの水に溶ける炭酸ナトリウムの限度の質量との関係を点線(--------)で表している。［4点×3］〈静岡・改〉

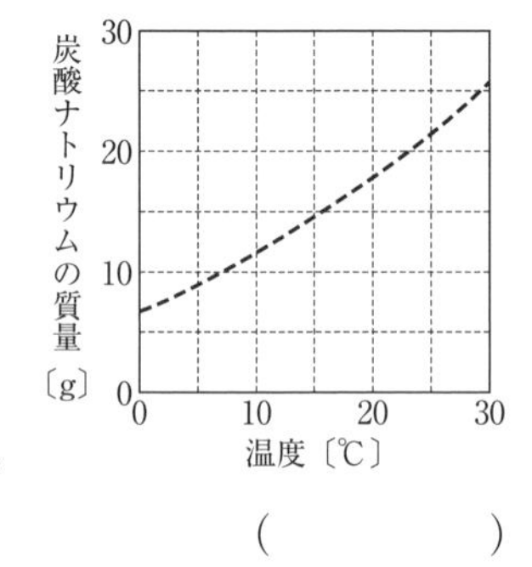

(1) 下線部は，炭酸ナトリウムの何とよばれるか。

(　　　　)

(2) 炭酸ナトリウム水溶液に無色のフェノールフタレイン溶液を加えると，水溶液は何色に変化するか。次の**ア**～**エ**から選べ。

ア　赤色　　**イ**　黄色　　**ウ**　緑色　　**エ**　青色　　(　　　)

(3) ビーカーに水100gと炭酸ナトリウム20gを入れ，水溶液を10℃に保ちながら，よくかき混ぜたところ，一部の炭酸ナトリウムが溶けきれずに，ビーカーの底に残った。
このビーカー内をよくかき混ぜながら，10℃から30℃まで加熱するときの，ビーカー内の水溶液の温度と溶けている炭酸ナトリウムの質量との関係は，どのようなグラフで表されるか。図に実線(———)でかき加えなさい。

3 図のように，肺や小腸には，肺胞や柔毛のような，物質を効率よく体内にとり入れるための小さなつくりが多数ある。［4点×5］〈山口・改〉

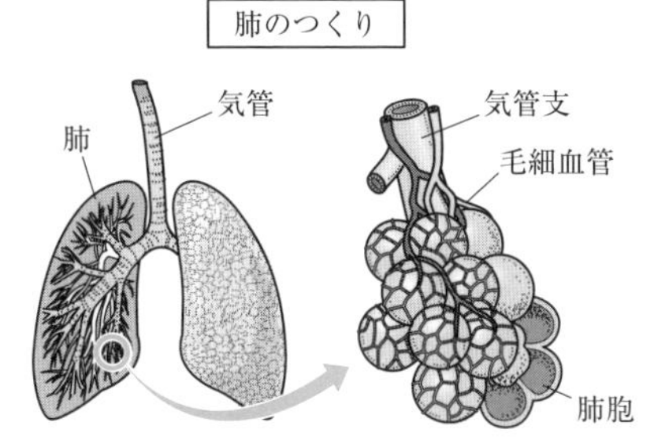

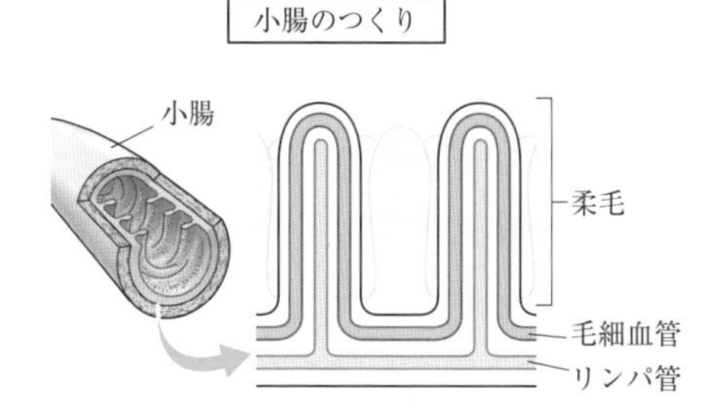

(1) このような小さなつくりが多数あると，物質を効率よく体内にとり入れることができるのはなぜか。

（　　　　　　　　　　　　　　　　　　　　　　　　　　　　　　）

(2) 植物の根の先端付近に多数ある，下線部のようなつくりは何か。

（　　　　　　）

(3) 食物中の①タンパク質を最初に分解する消化液は何か。また，②タンパク質は最終的に何という物質になって，小腸の柔毛で吸収されるか。

①（　　　　　）　②（　　　　　）

(4) 全身の細胞のまわりは，血しょうの一部が毛細血管からしみ出した液で満たされており，そのはたらきで，酸素や栄養分が血液から細胞に渡される。下線部の液を何というか。

（　　　　　　）

4 右のグラフは，抵抗器a・bについて，加える電圧と流れる電流の関係を調べた結果である。［4点×4］〈宮崎〉

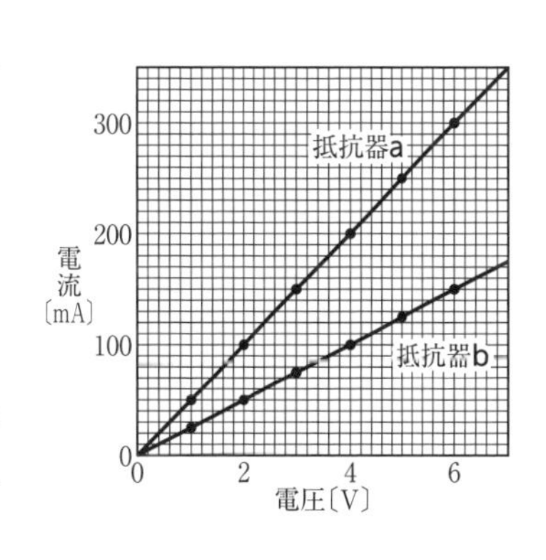

(1) 次の文の（　　）にはa・bのどちらが当てはまるか。

（①　　　　　②　　　　　）

抵抗器aとbに同じ電流を流すためには，抵抗器（　①　）のほうが大きい電圧を必要とする。このことから，抵抗器a・bを比べると，抵抗が大きいのは，抵抗器（　②　）のほうである。

(2) 抵抗器aとbを図1のように直列につなぎ，電源の電圧を6Vにした。

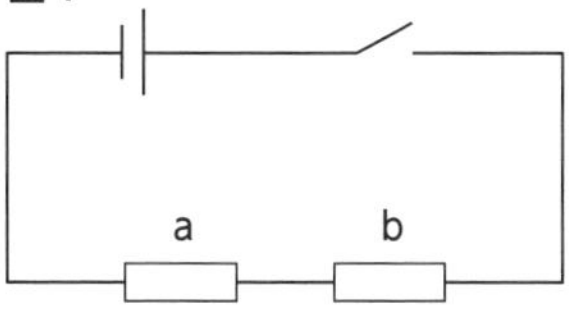

① 回路全体の抵抗は何Ωか。　（　　　　　）

② 回路全体を流れる電流は何mAか。

（　　　　　）

(3) 抵抗器aと抵抗の大きさがわからない抵抗器cを，図2のように並列につなぎ，電源の電圧を6Vにすると，回路全体を流れる電流が700mAであった。抵抗器cの抵抗は何Ωか。　（　　　　　）

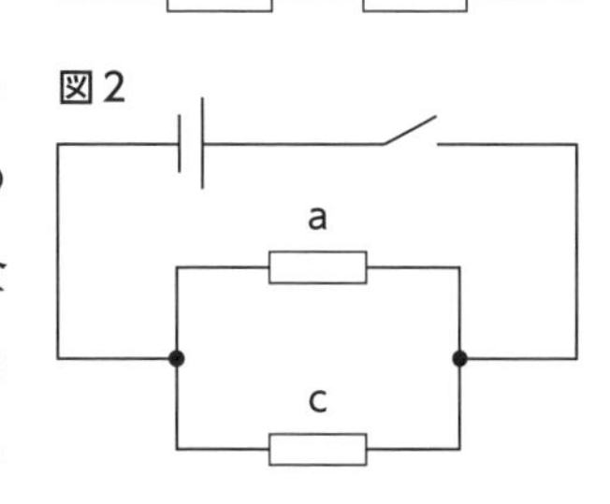

5 右の表は，ある地震**A**における観測点①〜④でのＰ波・Ｓ波の到着時刻である。この地震では，Ｐ波・Ｓ波はそれぞれ一定の速さで伝わったものとする。

［4点×5］〈鹿児島・改〉

観測点	P波の到着時刻	S波の到着時刻
①	11時15分51秒	11時15分56秒
②	11時16分06秒	11時16分21秒
③	11時16分13秒	11時16分33秒
④	11時15分57秒	11時16分06秒

(1) Ｓ波の到着によって起こる大きなゆれのことを何というか。

（　　　　　）

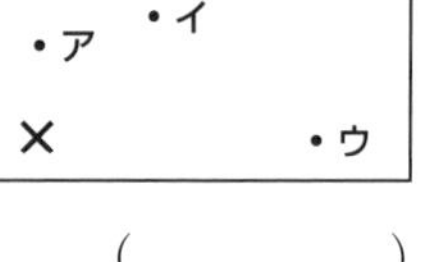

(2) 右の図は，この地域を真上から見たもので，×印は震央，**ア**〜**エ**は観測点①〜④のいずれかである。観測点③は**ア**〜**エ**のどれか。

（　　　）

(3) 観測点①〜④のうち，ゆれが最も大きかったと考えられるのはどこか。この地域の地質は一様であるとして，①〜④の記号で答えなさい。

（　　　）

(4) 同じ震源で，地震**A**よりマグニチュードの大きな地震が発生したとき，各観測地点の①初期微動継続時間の長さと②ゆれの大きさは，地震**A**と比べてどうなるか。①は「長い」「短い」「同じ」，②は「大きい」「小さい」「同じ」のいずれかで答えなさい。

①（　　　　　）　②（　　　　　）

6 図のように，ガラス板の上に食塩水をしみこませたろ紙をのせ，その上に青色と赤色のリトマス紙を置いた。さらに，うすい塩酸をしみこませた糸を両方のリトマス紙にかかるように中央に置いた。次に，両端を電極用のクリップではさんで電源につなぎ，電流を流した。しばらくすると，図のリトマス紙の**ア**〜**エ**のうち１か所で，リトマス紙の色が変化し，その変化した部分が電極側にしだいに広がっていった。［4点×4］〈埼玉・改〉

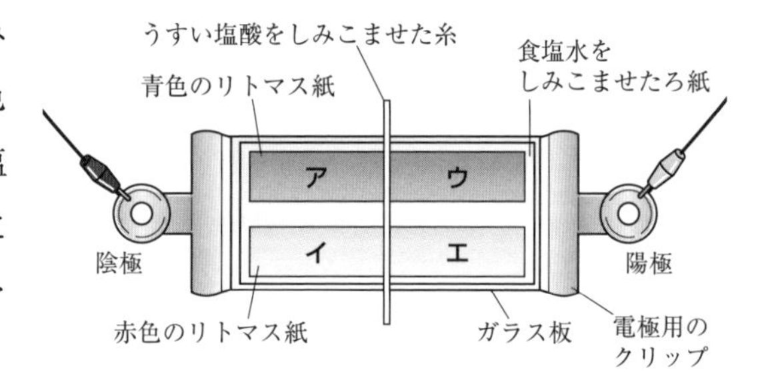

(1) 純粋な水ではなく，食塩水をろ紙にしみこませた目的を書きなさい。

（　　　　　　　　　　　　）

(2) リトマス紙の色が変化したのは，図の**ア**〜**エ**のどの部分か。

（　　　）

(3) (2)の部分でリトマス紙の色が変化したのは，塩酸中に何イオンが含まれているからか。イオンの名称を答えなさい。

（　　　　　）

(4) (2)の部分で，リトマス紙の色が変化し，その部分が電極側にしだいに広がっていったのはなぜか。解答欄の書き出しに続けて，簡潔に書きなさい。

（(3)のイオンは　　　　　　　　　　　　）

中学3年間の総復習 理科 改訂版

とりはずして使用できる！

別冊解答

実力チェック表

「基礎力確認テスト」「総復習テスト」の答え合わせをしたら，自分の得点をぬってみましょう。ニガテな単元がひとめでわかります。得点の見方は，最終ページの「受験合格への道」で確認しましょう。

日目	単元	0　10　20　30　40　50　60　70　80　90　100(点)	復習日
1日目	身のまわりの現象		月　日
2日目	身のまわりの物質		月　日
3日目	電流		月　日
4日目	原子・分子と化学変化		月　日
5日目	運動・力・エネルギー		月　日
6日目	イオンと化学変化		月　日
7日目	生物の特徴と分類		月　日
8日目	大地の変化		月　日
9日目	植物のからだのつくりとはたらき		月　日
10日目	動物のからだのつくりとはたらき		月　日
11日目	天気の変化		月　日
12日目	生物のふえ方と遺伝		月　日
13日目	地球と宇宙		月　日
14日目	生態系と人間		月　日
総復習テスト ①			月　日
総復習テスト ②			月　日

➔得点の見方は最終ページ「受験合格への道」へ

1日目 身のまわりの現象

基礎問題 解答

➔ 問題2ページ

1 ①＝　②a…＞　b…＜　③現象の名前…全反射　起こる場合…b　④a…(反対側の)焦点　b…直進する　⑤像の名前…実像　像の向き…逆　⑥像の名前…虚像　像の向き…同じ

2 ⑦a…大きい　b…高い　⑧ウとエ　⑨伝わらない。

3 ⑩重力　⑪名前…ニュートン　記号…N　⑫2倍になる。　⑬フックの法則　⑭向き…反対(逆)　大きさ…等しい(同じ)　⑮垂直抗力

基礎力確認テスト 解答・解説

➔ 問題4ページ

1 (1) ①全反射　②入射角… 60°　反射角… 60°
(2) ① 10cm　②ウ　(3) 右の図

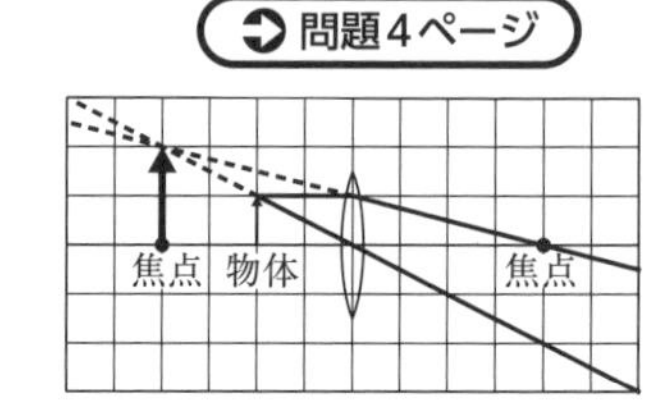

2 (1) ①エ　②ア　(2) ①多くなる。　②高くなる。

3 (1) (例)音は伝わる速さが遅いから。　(2) 680m

4 (1) フックの法則　(2) 8cm

5 ①(例)向きが反対で，大きさが等しい　② 25

1 (1) ② 入射角・反射角は，反射する面(ここでは水面)に**垂直に引いた線と入射光・反射光がつくる角**。入射角＝反射角＝90°－30°＝60°
(2) ① **物体と実像が同じ大きさだから，物体も実像も焦点距離の2倍の位置**にある。
焦点距離は20〔cm〕÷2＝10〔cm〕
② 実像は，**焦点距離**(10cm)**より遠い範囲**で，**物体を凸レンズに近づけるほど大きくなる。**
(3) まず，①物体の上端から出て光軸(凸レンズの軸)に平行な光の道すじをかく(凸レンズ通過後，屈折して反対側の焦点を通る)。次に，②物体の上端から出て凸レンズの中心に入る光の道すじをかく(屈折せずに直進する)。最後に，凸レンズ通過後の①の道すじと②の道すじとを凸レンズの反対側(物体のある側)に延長し，交点を求める。この交点の位置に，物体の上端の虚像が見える。

2 (1) ① **弦を強くはじくと，振幅が大きくなる**(振動数は変わらない)。図2より振幅が大きく，振動数が同じなのは**エ**。
② **弦の振動する部分を短くすると，振動数が多くなる**(振幅は変わらない)。図2より振動数が多いのは**ア**。
イは，図2より振動数が少なく，振幅は同じ。
ウは，図2より振幅が小さく，振動数は同じ。
(2) 弦の張り方を強くすると，振動数が多くなる。音は，**振動数が多いほど，高く聞こえる。**

3 (1) **光の伝わる速さは音より速い(およそ100万倍の速さ)ので，光が音より先に届く。**
(2) 光は極めて速く伝わるので，花火が開くのと同時に，そのようすが遠くの見物人に見えると考えてよい。その2.0秒後に音が聞こえて，音の速さが340m/sだから，花火が開いた位置からの距離は
340〔m/s〕×2.0〔s〕＝680〔m〕

4 (1) 図2のグラフは，原点を通る直線である。このことからも，**ばねののびは，ばねを引く力の大きさに比例している**ことがわかる。ばねに加わる力の大きさとばねののびの間にこのような関係があることを，**フックの法則**という。
(2) 図2より，ばねを引く力の大きさが0.4 Nのとき，ばねののびは4cmなので，ばねを引く力が2倍の0.8 Nになると，ばねののびも2倍の8cmになる。

5 ①2力がつり合う条件は次の3つである。
- **2力が一直線上にある。**
- **2力の向きは反対向き。**
- **2力の大きさは等しい。**

②質量100gの物体にはたらく重力の大きさが1Nなので，質量2500gの直方体のレンガにはたらく重力(力X)の大きさは，
2500 ÷ 100 ＝ 25より，25Nである。力Xと力Yはつり合っているので，力Yの大きさも25N。

2 日目 身のまわりの物質

基礎問題 解答

➡ 問題6ページ

1 ①アとエ　② 0.79g/cm³

2 ③ a…水素　b…酸素　④ a…二酸化炭素　b…水素　c…アンモニア
⑤ A…上方置換法　B…下方置換法　C…水上置換法　⑥ A

3 ⑦ a… 100g　b… 20%　⑧ 110g　⑨ 90g　⑩再結晶

4 ⑪ a…冷却　b…加熱　⑫質量…変化しない。体積…変化する。　⑬気体
⑭ a…融点　b…沸点　⑮エタノール　⑯蒸留

基礎力確認テスト 解答・解説

➡ 問題8ページ

1 (1) 体積… 9.0cm³　密度… 7.9g/cm³　(2) A　(3) 1050g

2 (1) ①空気　②水上　(2) エ

3 (1) 沸点　(2) (例)混合物が急に沸騰するのを防ぐため。(突沸を防ぐため。)

4 (1) エ　(2) 28g　(3) 24%
(4) (例)温度を下げても，塩化ナトリウムの溶解度はあまり変わらないから。

5 (1) 融点　(2) イ　(3) a点…Y　c点…X　e点…Z
(4) (例)氷は，同じ質量の水より体積が大きいので，密度が水より小さいから。

1 (1) はじめに入っている水は $50.0cm^3$ であり，図1の水面の目盛りは $59.0cm^3$ と読めるから，ネジの体積は $59.0〔cm^3〕-50.0〔cm^3〕=9.0〔cm^3〕$
密度は $71.1〔g〕\div 9.0〔cm^3〕=7.9〔g/cm^3〕$
(2) **同じ物質なら密度が同じ**なので，図2の金属A～Dから，密度がネジと同じものを選ぶ。グラフからおよその値を求めると，Aは $8g/cm^3$，Bは $10g/cm^3$，Cは $2g/cm^3$，Dは $3g/cm^3$。
(3) 質量を求めるには，密度を求める式「**密度＝質量÷体積**」を変形して，「**質量＝密度×体積**」を計算すればよい。求める質量は，
$10.50〔g/cm^3〕\times 100〔cm^3〕=1050〔g〕$

2 (1) 固体と溶液を反応させる試験管・ガラス管・ゴム管は，**気体発生以前には空気が入っている**。ガラス管からはじめに出てくる気体には，この空気が含まれている。
(2) **ア**では気体は発生しない。**イ**では二酸化炭素，**ウ**では酸素が発生する。

3 (1) 水とエタノールでは，エタノールのほうが沸点が低い(エタノールのほうが気体になりやすい)。そのため，混合物を図のようにして加熱すると，混合物の沸騰が始まった頃にはおもにエタノールが試験管に集まる。
(2) 液体を加熱する実験では，液体が**突然沸騰して**容器から飛び出したり，容器がこわれたりする危険がある。

4 (1) 溶質の粒子は，**溶液全体に均一に散らばっている**。
(2) 20℃の水100gに硝酸カリウムは32gまでしか溶けないので，$60〔g〕-32〔g〕=28〔g〕$の結晶が出る。

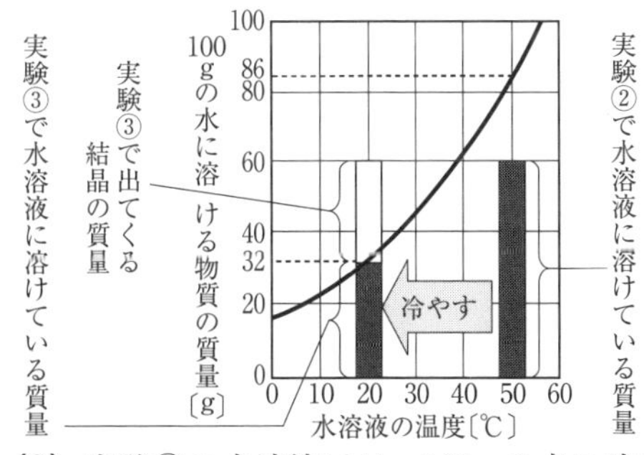

(3) 実験③の水溶液には，100gの水に硝酸カリウムが32g溶けているから，濃度は
$32〔g〕\div(100+32)〔g〕\times 100=24.2$ …より，24%。

5 (1) b点は，氷がとけて水になっている途中。
(2) d点は，水が沸騰して水蒸気になっている途中だから，液体と気体が混ざった状態。
(3) Yは，**粒子が規則正しく並んでいるから，固体**。Zは，**粒子の間隔が大きいから気体**。Xは液体。水は，a点で固体(氷)，c点で液体，e点で気体(水蒸気)。
(4) 水は例外的な物質で，液体から固体に状態変化するときに体積が増加する。

3日目 電流

基礎問題 解答

➡ 問題10ページ

1 ①変化しない。　②電流計…直列　電圧計…並列　③図１…直列回路　図２…並列回路
④図１…$I_1=I_2$　図２…I_1+I_2　⑤ 3A　⑥図１…V_1+V_2　図２…$V_1=V_2$　⑦ 8V
⑧ $R \times I$　⑨図３の V… 4V　図４の I… 3A　図５の R… 5Ω

2 ⑩電圧〔V〕×電流〔A〕　⑪ 800W　⑫電力〔W〕×時間〔s〕　⑬ 3000J

3 ⑭イ　⑮イ　⑯強くなる。　⑰ a…逆向きになる。b…大きくなる。　⑱電磁誘導
⑲速くする。

基礎力確認テスト 解答・解説

➡ 問題12ページ

1 (1) 25Ω　(2) 9.8V　(3) 80mA　(4) イ

2 (1) 電流… 1.5A　電力… 9W　(2) 右の図　(3) 8℃

3 (1) ①下　②左　(2) 左
(3) (例)ガラス棒には電流が流れないので，位置は変わらない。

4 (1) 誘導電流　(2) ア　(3) ①速く　②多く

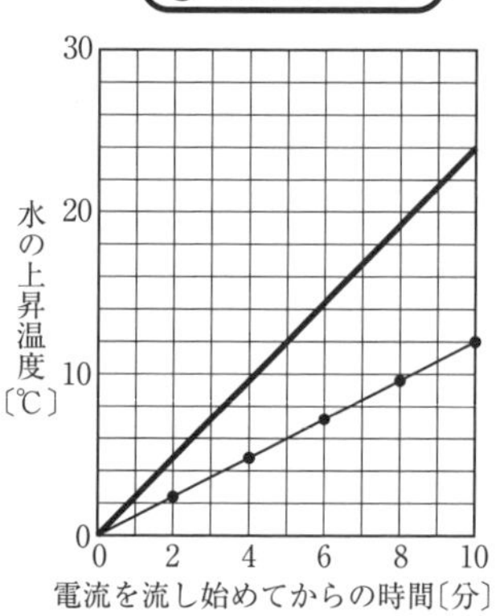

1 **(1)** 電熱線 a は，電圧 2.0V で電流 80mA が流れる。よって，2.0〔V〕÷0.08〔A〕=25〔Ω〕
(2) 電熱線 a に 7.0V の電圧が加わっている。a を流れる電流は 7.0〔V〕÷25〔Ω〕=0.28〔A〕で，**図１は直列回路だから b にも同じ大きさの電流が流れる**。b の抵抗は 35Ω だから，b に加わる電圧は 35〔Ω〕×0.28〔A〕=9.8〔V〕
(3) 電熱線 b の電圧は 1.4V，抵抗は 35Ω だから，電流は 1.4〔V〕÷35〔Ω〕=0.04〔A〕=40〔mA〕。**図２は並列回路で，回路全体に流れる電流が 120mA だから**，P 点を流れる電流は
120〔mA〕−40〔mA〕=80〔mA〕
(4) 図２で並列につながれている電熱線 b と c を合わせたものを１本の電熱線 X と考える。図１の a，図１の b，図２の X のどれにも同じ電流(180mA)が流れる。電流が同じなら，抵抗が大きい電熱線ほど電圧が大きいから，電力も大きい。抵抗は，a＜b，X＜b だから，消費電力は図１の b が最も大きい。

2 **(1)** 図１の a は抵抗が 4Ω，電圧が 6V だから，電流は 6〔V〕÷4〔Ω〕=1.5〔A〕
電力は 6〔V〕×1.5〔A〕=9〔W〕
(2) b は抵抗が a の半分(2Ω)だから，電圧 6V を加えると，a の２倍の電流が流れる。したがって b の電力は a の２倍となり，10 分間の発熱量(水の上昇温度)も a の２倍である。
(3) 図２は a と b の直列つなぎだから，全体の抵抗は 4〔Ω〕+2〔Ω〕=6〔Ω〕。全体の電圧が 6V のとき，電流は 1A で，電力は 6W である。この電力(6W)は実験①のとき(9W)の $\frac{2}{3}$ 倍だから，10 分間の発熱量も実験①のときの $\frac{2}{3}$ 倍で，10 分間の水の上昇温度も同様である。
12〔℃〕×$\frac{2}{3}$=8〔℃〕

3 **(1) 磁石による磁界の向きは，N極→S極**だから，下。アルミニウム棒の位置が真下より左にずれているから，力の向きは左。
(2) 磁界の向きと電流の向きの両方を逆にすると，力の向きは(逆の逆となり)元と同じ。
(3) ガラスは不導体(絶縁体)であり，電流を通さないので，磁界から力がはたらかない。

4 **(1)** この現象を電磁誘導といい，流れる電流を誘導電流という。
(2) **イ**：N極を入れるときとS極を入れるときでは，誘導電流の向きが逆。**ウ**：磁石を入れたまま動かさないときは，誘導電流が生じない(検流計の針は振れない)。**エ**：磁石ではなく，コイルを動かすときも，コイルの中の磁界が変化するので，誘導電流が生じる。
(3) 誘導電流を大きくする方法は，**強い磁石**を使う，**巻数の多いコイル**を使う，**磁石(またはコイル)を速く動かす**，の３つ。

4日目 原子・分子と化学変化

基礎問題 解答

問題14ページ

1 ①酸素…O　炭素…C　水素…H　②銅…Cu　塩化銅…$CuCl_2$　酸化銅…CuO
硫化銅…CuS　鉄…Fe　硫化鉄…FeS　銀…Ag　酸化銀…Ag_2O
③酸素…O_2　水素…H_2　④二酸化炭素…CO_2　水…H_2O　アンモニア…NH_3

2 ⑤A…水　B…二酸化炭素　⑥ Fe＋S → FeS　⑦分解
⑧ $2Cu+O_2 \rightarrow 2CuO$　⑨A…二酸化炭素　B…銅　⑩ $2CuO+C \rightarrow 2Cu+CO_2$
⑪a…酸化　b…還元　⑫a…発熱反応　b…吸熱反応

3 ⑬ 0.4g　⑭ 2倍　⑮ 3：2

基礎力確認テスト 解答・解説

問題16ページ

1 (1) (例)装置内にあった空気を多く含むから。　(2) a…CO_2　b…H_2O
(3) (例)原子の組み合わせ(結びつき方)が変わり，別の物質ができる。

2 (1) (例)空気中の酸素と結びついたから。　(2) ア，ウ

3 (1) 0.88g　(2) (例)反応に必要な塩酸(塩化水素)がなくなるから。

4 (1) 4：5
(2) ①(例)酸素は，銅よりも炭素と結びつきやすいから。　② 1.10g　③ 3.20g　④ 0.30g

1 (1) 試験管Aやゴム管，ガラス管にはもともと空気が入っている。加熱を始めた頃はこの空気がガラス管から出てくる。
(2) 石灰水を白くにごらせるのは二酸化炭素。青色の塩化コバルト紙を赤色(桃色)に変えるのは水。**化学変化では原子そのものは変化しないので，化学反応式は左辺と右辺で原子の種類と数を同じにする。**
(3) 例えば，**水の電気分解** $2H_2O \rightarrow 2H_2+O_2$ **では，水素原子－酸素原子－水素原子という結びつきが切れて**，水素原子－水素原子という結びつきと酸素原子－酸素原子という結びつきができる。**水の状態変化では，水素原子－酸素原子－水素原子という結びつきは切れない**(水分子 H_2O は変化しない)で，水分子の運動のようすや水分子どうしの間隔が変わる。

2 (1) スチールウールはガスバーナーで加熱すると燃え，酸化鉄ができる。鉄＋酸素→酸化鉄
この化学変化では，質量保存の法則により，
　鉄の質量＋酸素の質量＝酸化鉄の質量
が成り立つから，**酸化鉄の質量は，鉄の質量よりも，結びついた酸素の分だけ大きい。**
(2) **ア**は「銅＋酸素→酸化銅」，**イ**は「酸化銀→銀＋酸素」，**ウ**は「マグネシウム＋酸素→酸化マグネシウム」，**エ**は「炭酸水素ナトリウム→炭酸ナトリウム＋二酸化炭素＋水」の変化が起こる。下線部の物質が室温で固体。

3 (1) 結果の表より，塩酸10.00gに石灰石を2.00g加えたとき，反応後のビーカー内の物質は11.12gである。よって，発生した二酸化炭素は
(10.00＋2.00)〔g〕－11.12〔g〕＝0.88〔g〕
(2) 下図のように，塩酸と石灰石が**過不足なく反応したところで，グラフが折れ曲がる。**

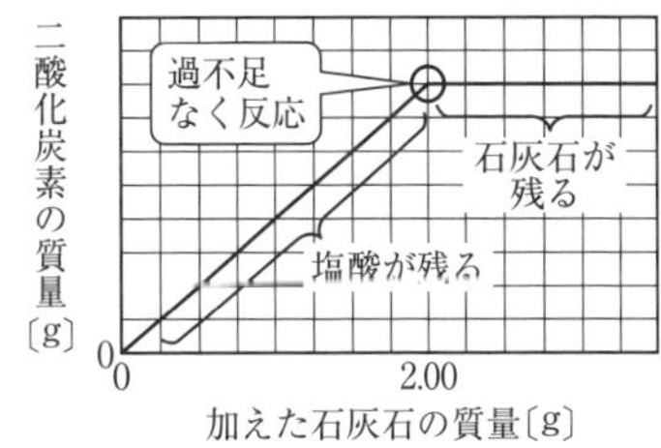

4 (1) グラフの読みとりやすいところで読むと，銅0.8gから酸化銅が1.0gできている。
(2) ① 銅原子－酸素原子の結びつきが切れ，炭素原子－酸素原子の結びつきができた(**酸素の結びつく相手が銅から炭素に変わった**)。
② 反応前は固体が4.00〔g〕＋0.50〔g〕＝4.50〔g〕あったが，反応後は3.40gになったから，減少分1.10gが発生した気体の質量。
③ 酸化銅4.00gがすべて還元された。(1)から，銅と酸化銅の質量比は4：5だから，求める銅の質量をxgとすると，x：4.00＝4：5より，
x＝(4.00×4)÷5＝3.20〔g〕
④ 残った固体3.40gのうちの3.20gが銅だから，3.40〔g〕－3.20〔g〕＝0.20〔g〕が炭素。

5日目 運動・力・エネルギー

基礎問題 解答

問題18ページ

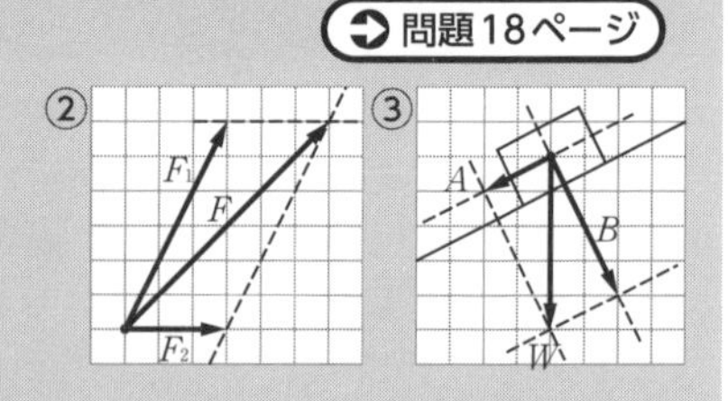

1 ①向き…上　大きさ…3N　②右の図　③右の図
④大きくなる。　⑤名前…浮力　大きさ…0.1N
⑥ 20cm/s　⑦a…速くなる。b…遅くなる。
c…変化しない。
⑧ア　⑨等速直線運動

2 ⑩仕事…40J　仕事率…8W　⑪a…小さい　b…大きい
c…同じ　⑫減少　⑬a…増加　b…増加　⑭一定　⑮力学的エネルギー

3 ⑯光エネルギー，熱エネルギー　⑰同じ(等しい)　⑱熱エネルギー

基礎力確認テスト 解答・解説

問題20ページ

1 (1) 0.2N　(2) Ⅰ…ア　Ⅱ…エ　Ⅲ…キ

2 (1) 1.0m/s　(2) ウ

3 (1) ①C　②A，E　(2) エ　(3) c　(4) イ

4 (1) 600J　(2) ① 150N　② 4m　(3) 120W　(4) 16m

1 (1) 物体Aの重さ(物体Aにはたらく重力)は1.0Nである。また図3より，水面から物体Aの底面までの距離が1.0cmになったときのばねばかりの示す値は0.8Nである。
物体Aにはたらく浮力＝物体Aにはたらく重力－ばねばかりの示す値　で求められるので，1.0〔N〕－0.8〔N〕＝0.2〔N〕
(2) Ⅰ**水圧は**，水の重さによる圧力なので，**水の深さが深くなるほど大きくなる**。また，浮力は水の深さには関係しないが，水の中にある物体の体積が大きいほど大きくなる。
Ⅱ図2のとき，物体Aにはたらく浮力は，1.0〔N〕－0.2〔N〕＝0.8〔N〕となり，物体Aにはたらく重力1.0Nのほうが大きい(重力＞浮力)。
Ⅲ**重力＞浮力のとき，物体は沈む。重力＜浮力のとき，物体は浮く**。

2 (1) グラフより0.4秒で0.4m移動したことがわかる。速さは0.4〔m〕÷0.4〔s〕＝1.0〔m/s〕
(2) 物体が**等速直線運動をしているとき，運動の向きには力がはたらいていない**。物体には下向きの重力と，重力とつり合っている上向きの垂直抗力だけがはたらいている。

3 (1) おもりが点Aから点Eまで振れるとき，高さ・速さは次のように変化する。

	A	→ B →	C	→ D →	E
高さ	最大	減少	最小	増加	最大
速さ	0	増加	最大	減少	0

［AからCまで］位置エネルギーが減少し，運動エネルギーが増加する。
［CからEまで］位置エネルギーが増加し，運動エネルギーが減少する。
力学的エネルギーはつねに一定である。
(2)・(3) 点Eでは速さがゼロになっているから，その瞬間に糸が切れると，**おもりは「静かに離された」ことになり，真下に落下**していく。
(4) 力学的エネルギーが保存されるので，おもりが上がる最高点(すなわち，速さがゼロになる点)は，おもりを最初に「静かに離した」点Qと同じ高さである。

4 (1) 30kgの物体にはたらく重力は300Nだから，図1の人は，ロープを300Nの力で2m引く。このとき，仕事は300〔N〕×2〔m〕＝600〔J〕
(2) 動滑車を1個使うと，ロープを引く力は半分(150N)ですむが，ロープを引く距離は2倍(4m)になる。
(3) 600Jの仕事を5秒で行ったのだから，仕事率は600〔J〕÷5〔s〕＝120〔W〕
(4) 図4では，物体の重さを，4つの動滑車を上向きに引く**8本のロープで支えるので，ロープを引く力は $\frac{1}{8}$ ですむ。その代わり，ロープを引く長さは8倍になる。**

6日目 イオンと化学変化

基礎問題 解答

問題22ページ

1 ①原子核…＋　電子…－　②a…＋　b…－　③a…陽イオン　b…陰イオン　④イとウ
⑤イオン　⑥電解質　⑦ $Cu^{2+}+2Cl^-$

2 ⑧化学電池(電池)　⑨亜鉛　⑩亜鉛板　⑪銅板　⑫a…ア，エ　b…イ，ウ

3 ⑬a…黄　b…緑　c…青　⑭a…水素イオン　b…水酸化物イオン　⑮a…H^++Cl^-
b…Na^++OH^-　⑯酸性→中性→アルカリ性　⑰a…H^+　b…OH^-　c…H_2O
⑱a…塩化ナトリウム　b…NaCl

基礎力確認テスト 解答・解説

問題24ページ

1 (1) 電離　(2) エ　(3) ①イ　②エ

2 (1) 名称…電解質　記号…イ，ウ　(2) 化学エネルギー　(3) ① Zn^{2+}　② Cu
(4) 銅板　(5) 硫酸亜鉛水溶液…濃くなる。　硫酸銅水溶液…うすくなる。

3 (1) 水酸化物イオン　(2) 7　(3) ア　(4) ① $2H^++SO_4{}^{2-}$　② $BaSO_4$

1 (1) 水に溶ける物質は，溶けたときに陽イオンと陰イオンに分かれるもの(**電解質**)とイオンに分かれないもの(**非電解質**)に分類できる。電解質には，塩化銅・塩化ナトリウム・塩化水素・水酸化ナトリウムなどがある。非電解質には，砂糖・エタノールなどがある。
塩化銅の電離：$CuCl_2 \rightarrow Cu^{2+}+2Cl^-$

(2) 銅イオンは化学式「Cu^{2+}」が示すように，**銅原子Cuが電子を2個放出して，全体として＋の電気を帯びたもの**である。

(3) 塩化銅水溶液中の銅イオンCu^{2+}は＋の電気を帯びているので，陰極のほうに引かれて**銅原子Cuになる**。
塩化銅水溶液中の塩化物イオンCl^-は－の電気を帯びているので，陽極のほうに引かれて**塩素原子Clになり**，それが2個結びついて塩素分子Cl_2になる。
全体の変化は「$CuCl_2 \rightarrow Cu+Cl_2$」で，塩化銅が銅と塩素に分解する。

2 (1) 水に溶けると**電流が流れる物質を電解質**といい，水に溶けても**電流が流れない物質を非電解質**という。砂糖とエタノールは非電解質である。

(3) ダニエル電池のしくみを模式的に表すと，右の図のようになる。亜鉛板では，亜鉛原子が電子を2個失って亜鉛イオンになる。銅板では，硫酸銅水溶液中の銅イオンが電子を2個受けとって銅原子になる。

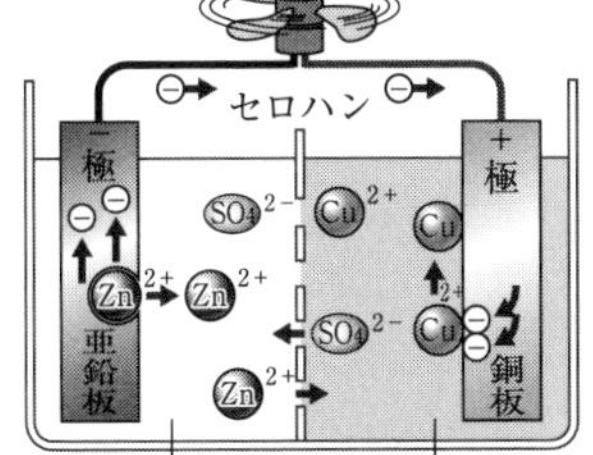

(4) **電子は亜鉛板から銅板へと移動する**ので，亜鉛板が－極，銅板が＋極である。

(5) 電流が流れ続けると，硫酸亜鉛水溶液中では亜鉛イオンがふえ続けるので，濃度が濃くなる。一方，硫酸銅水溶液中では銅イオンは減り続けるので，濃度はうすくなる。

3 (2) pHは，中性で7。7より小さいと酸性で，7より大きいとアルカリ性。

(3) 水酸化ナトリウム水溶液中にはNa^+とOH^-があり，塩酸中にはH^+とCl^-がある。水酸化ナトリウム水溶液に塩酸を少しずつ加えていくと，
［中性になるまで］**中和：$H^++OH^- \rightarrow H_2O$**が起こって，加わった$H^+$の数だけ$OH^-$が減っていく。**$H^+$はすべて反応する**ので，残らない。
［中性になったあと］完全に中和されてOH^-がなくなったので，**H^+は反応する相手がない**。したがって，H^+は，加えた数だけ水溶液中に残る。

(4) ① 硫酸1分子が電離すると，水素イオンが2個できることに注意。
② 水酸化バリウム$Ba(OH)_2$はバリウムイオンBa^{2+}と水酸化物イオンOH^-に電離する。うすい硫酸を加えると，$H^++OH^- \rightarrow H_2O$と$Ba^{2+}+SO_4{}^{2-} \rightarrow BaSO_4$の2つの反応が起こる。

7日目 生物の特徴と分類

基礎問題 解答

➡問題26ページ

1 ①A…子房　B…胚珠　C…やく　②受粉　③A…果実　B…種子　④ア
⑤X…胚珠　Y…花粉のう　⑥図１…被子植物　図２…裸子植物

2 ⑦a…双子葉類　b…単子葉類　⑧イ，カ，シ　⑨胞子　⑩X…シダ植物　Y…コケ植物

3 ⑪背骨　⑫A…魚類　B…両生類　C…ハチュウ類　D…鳥類　E…ホニュウ類
⑬X…えら　Y…胎生　⑭無セキツイ動物　⑮外とう膜　⑯a…軟体動物　b…節足動物

基礎力確認テスト 解答・解説

➡問題28ページ

1 (1) A…やく　B…胚珠　(2) イ　(3) エ

2 (1) ゼニゴケ…イ　イヌワラビ…ア　(2) 胞子　(3) ウ

3 (1) エ　(2) (例)乾燥した環境

4 (1) 無セキツイ動物　(2) C…胎生　D…卵生　(3) ①…えら　②…肺

5 記号…ウ　名称…えら

1 (1) 被子植物の花は，一般に，**中心にめしべ**があり，外側に向かって，**おしべ→花弁→がくの順**についている。めしべの先端部を**柱頭**，根もとのふくらんだ部分を**子房**といい，子房の中に胚珠がある。おしべの先端には**やく**があり，中に**花粉**が入っている。
花粉が柱頭につく(**受粉**)と，やがて**子房が果実に，胚珠が種子になる**。
(2) アブラナは**被子植物の双子葉類**に属するから，**葉脈は網目状**(**網状脈**)で，**根は主根と側根**からなる。
(3) ゼンマイは**シダ植物**，ゼニゴケは**コケ植物**，イチョウは**裸子植物**，ムラサキツユクサは**被子植物の単子葉類**に属する。

2 (1) ゼニゴケ(**コケ植物**)には，**葉・茎・根の区別がない**。根のように見える部分は**仮根**とよばれ，からだを地面に固定するはたらきをするが，水を吸収するためのものではない(水はからだの表面で吸収する)。
イヌワラビ(**シダ植物**)には，**葉・茎・根の区別がある**。
(3) 被子植物と裸子植物は，「葉・茎・根の区別の有無」の点ではイヌワラビと同じだが，種子をつくってなかまをふやすので，「なかまのふやし方」が違う。

3 表の５種類の動物はいずれもセキツイ動物で，ウマはホニュウ類，カモは鳥類，トカゲはハチュウ類，イモリは両生類，メダカは魚類に属する。
(1) イカ(軟体動物)，ヒトデ，トンボ(節足動物)は背骨がない(無セキツイ動物)。カメはハチュウ類で，背骨をもつ。
(2) イモリ(両生類)とメダカ(魚類)は水中に卵をうみ，イモリは子のとき，メダカは一生，水中で生活する。カモ(鳥類)とトカゲ(ハチュウ類)は陸上に卵をうみ，一生陸上で生活する。**水中と違って陸上は乾燥しやすい**ので，陸上にうみつけられる卵には乾燥にたえるためのかたい殻がある。

4 (2) Cのウサギはホニュウ類で，**子を母親の体内である程度まで育ててからうむ**。これを**胎生**という。Dのハトは鳥類，トカゲはハチュウ類，カエルは両生類，メダカは魚類で，いずれも**卵をうむ**。これを**卵生**という。
(3) カエルは両生類なので，**子のときは水中で生活し，親になると陸上(水辺)で生活する**ようになる。

5 ヒトの肺のように酸素をとり入れ，二酸化炭素を放出するはたらきをする器官(呼吸器官)は，イカではえら。

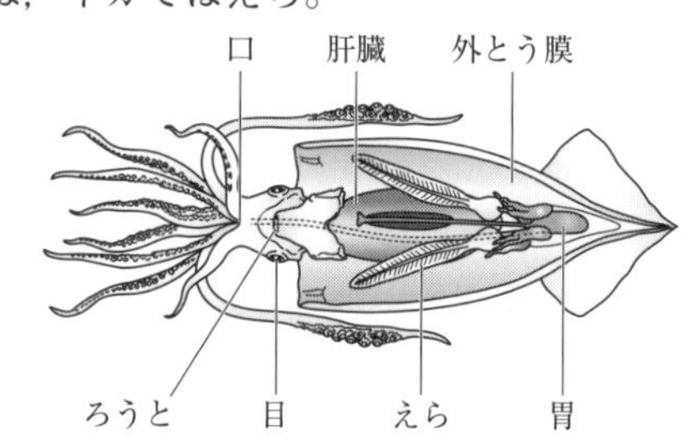

8日目 大地の変化

基礎問題 解答

問題30ページ

1 ①マグマ　②a…強い　b…弱い　c…白　d…黒　③火成岩
④つくり名…等粒状組織　岩石名…深成岩　⑤つくり名…斑状組織　岩石名…火山岩
⑥a…花こう岩　b…玄武岩　⑦火砕流

2 ⑧震源　⑨P波　⑩a…初期微動　b…主要動　⑪短い。
⑫x…マグニチュード　y…震度　⑬小さくなる。　⑭津波

3 ⑮れき→砂→泥　⑯堆積岩　⑰a…砂岩　b…凝灰岩　c…石灰岩
⑱a…示相化石　b…示準化石　⑲ア…中生代　イ…古生代

基礎力確認テスト 解答・解説

問題32ページ

1 (1) ウ　(2) ①石基　②(例)地下深くで，ゆっくり冷えて固まった

2 (1) 初期微動継続時間　(2) 6km/s　(3) 50km

3 (1) a…風化　b…侵食
(2) 記号…イ　理由…(例)泥は粒の大きさが小さいので，流水によって遠くまで運ばれるから。
(3) ①しゅう曲　②石灰岩　③かぎ層

4 (1) ①海洋　②大陸　③大陸　(2) ウ

1 (1) ねばりけが強いマグマは，流れにくいので，火口付近で盛り上がって，おわんをふせたような形の火山をつくり，激しく爆発的な噴火を起こす。また，**無色鉱物(セキエイやチョウ石)を多く含むので，冷えて固まると白っぽい火成岩になる。**
(2) ① 岩石Aのつくりは斑状組織である。細かい粒の部分(石基)は，**マグマが急に冷えたために大きな結晶(斑晶)にまで成長できなかった。**
② 岩石Bに石基がないのは，**マグマがゆっくり冷えたためにどの部分も大きな結晶に成長できた**ためである。

2 (2) グラフの読みとりやすいところで読むと，P波は4秒で25km伝わっているから，速さは
25〔km〕÷4〔s〕=6.25〔km/s〕

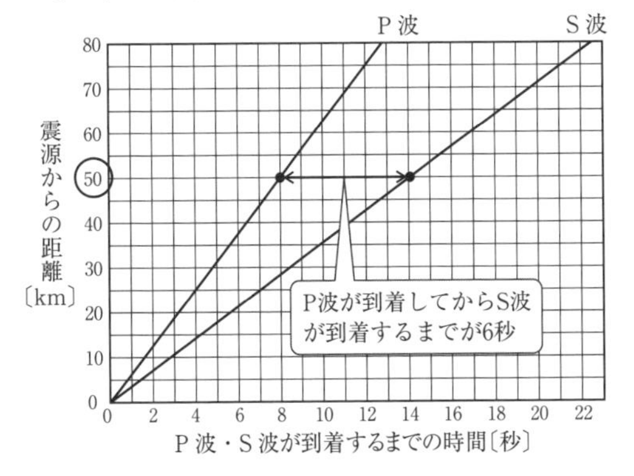

(3) 図1から，観測地点Aでは初期微動が6秒続いた。図2から，P波が到着してからS波が到着するまでの時間(初期微動継続時間)が6秒のところを探すと，左下の図のように，震源からの距離が50kmであることがわかる。

3 (2) Cは深い海底で，河口から遠いので，堆積物は粒が小さい。これは，土砂の粒が小さいほど水中に長時間ただよい，遠くまで運ばれて沈んで堆積するためである。
(3) ① 図2のPの部分は，地層が**波打つように曲がっている(しゅう曲)**と同時に，**切断されてずれている(断層)**。これは，水平方向に巨大な力で押し縮められたからである。
② 生物の遺がいなどが堆積してできた岩石には，石灰岩とチャートがある。チャートは塩酸をかけても変化しない。

4 (1) 日本海溝は，太平洋プレートⒶが，本州の東部と北海道をのせた北アメリカプレートの下に沈みこむところにできている。ヒマラヤ山脈は，ユーラシア大陸をのせたプレートとインド半島をのせたプレートが押し合うところにできている。
(2) 太平洋プレートⒶもフィリピン海プレートⒷも，日本列島に近づく向きに少しずつ動いている。そのため，日本列島の地下には水平方向に押し縮める力がはたらいている。

9日目 植物のからだのつくりとはたらき

基礎問題 解答

問題34ページ

1 ①A…核　B…細胞膜　②C…液胞　D…葉緑体　E…細胞壁
③ア…D　イ…E　ウ…A　④細胞質　⑤a…多細胞生物　b…単細胞生物
⑥a…イ，ウ，エ　b…ア，オ

2 ⑦A…道管　B…師管　⑧現象…蒸散　すき間…気孔　⑨盛んになる。

3 ⑩はたらき…光合成　部分の名前…葉緑体　⑪X…二酸化炭素　Y…酸素
⑫試薬…ヨウ素液　変化…青紫色になる。　⑬黄色

基礎力確認テスト 解答・解説

問題36ページ

1 (1) 酢酸オルセイン液(酢酸カーミン液，酢酸ダーリア液)　(2) 葉緑体　(3) 核
(4) (植物の細胞には)(例)細胞壁があるから。

2 (1) (例)水面からの水の蒸発を防ぐため。　(2) 気孔　(3) $d=b+c-a$
(4) 6時間　(5) X…蒸散　Y…道管

3 (1) ①二酸化炭素　②酸性　(2) ①B　②C　③B　(3) ①呼吸　②光合成　③呼吸

1 (1) 染色液は，核や染色体に色をつけて観察しやすくするために用いる。
(2) 植物の緑色の部分(葉など)の細胞には葉緑体がたくさん入っていて，光が当たると，**葉緑体の中で光合成が行われる**。葉緑体は，動物の細胞にはない。
(3) 核は，動物の細胞にも植物の細胞にも，細胞1つにふつう1個あり，染色液によく染まる。
(4) **植物の細胞には，細胞膜の外に細胞壁というじょうぶなつくりがある**(動物の細胞にはない)。細胞壁があるので，植物の細胞はしっかりしていて，骨格がなくてもからだを支えられる。

2 (1) この実験では，植物が行う吸水のはたらきについて調べているので，植物以外からの水の減少を防ぐ必要がある。
(2) 種子植物などの葉の表皮には，**2つの孔辺細胞で囲まれたすき間である気孔**がある。根でとり入れられた水は，一部が水蒸気となっておもに気孔から体外に出ていく。この現象を**蒸散**という。気孔は，呼吸や光合成における酸素と二酸化炭素の出入り口にもなっている。
(3) 試験管Aでは葉の表・裏・茎，Bでは葉の表・茎，Cでは葉の裏・茎，Dでは茎で蒸散が行われる。よって，d(茎からの蒸散量)は，b(葉の表・茎からの蒸散量)＋c(葉の裏・茎からの蒸散量)－a(葉の表・裏・茎からの蒸散量)で求められる。
(4) (3)より，$a=b+c-d$ なので，10時間放置したときの a の値は
$7.0+11.0-2.0=16.0$〔g〕
したがって，$a=10.0$〔g〕となるのにかかる時間を x 時間とすると，
$10:16.0=x:10.0$ より，$x=6.25$〔時間〕
(5) 根で吸い上げられた水や水に溶けた養分は，**道管**を通って植物のからだ全体に運ばれる。葉でできたデンプンなどの栄養分は，**師管**を通って運ばれる。

3 (1) BTB溶液は，酸性で黄色，中性で緑色，アルカリ性で青色を示す。
(2) この実験の条件設定は下図の通り；

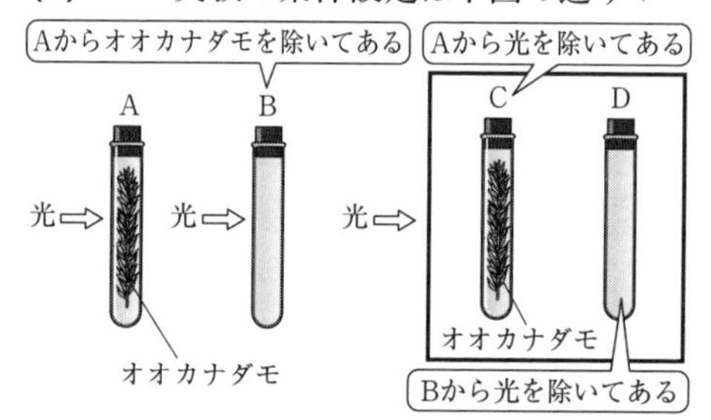

①Aからオオカナダモだけを除いた試験管。
②Aから光だけを除いた試験管。
③Dに光だけを加えた試験管。
(3) Aでは**二酸化炭素が光合成に使われ**，BTB溶液が最初のアルカリ性(青色)にもどった。

10日目 動物のからだのつくりとはたらき

基礎問題 解答

問題38ページ

1 ①A…酸素　B…二酸化炭素　②消化酵素　③アミラーゼ
④a…ブドウ糖　b…アミノ酸　c…脂肪酸とモノグリセリド　⑤柔毛　⑥aとb

2 ⑦肺胞　⑧広くなる　⑨アンモニア
⑩a…肝臓　b…尿素　⑪じん臓

3 ⑫a…肺循環　b…体循環　⑬x…二酸化炭素　y…酸素　⑭栄養分，酸素
⑮a…血しょう　b…赤血球

4 ⑯X…感覚神経　Y…運動神経　⑰X→c→Y　⑱反射

基礎力確認テスト 解答・解説

問題40ページ

1 (1) (例)突然の沸騰(突沸)が起こらないようにするため。　(2) アミラーゼ
(3) (例)デンプンをほかの物質に変化させる。　(4) ア

2 (1) x…心室　y…静脈血　(2) a…酸素　c…栄養分

3 (1) ①B　②A　(2) ①反射　②エ　(3) x

4 (1) 消化酵素…ペプシン　消化液…胃液　(2) アミノ酸
(3) ①柔毛　②ア　③消化液…胆汁　食物の成分…脂肪

1 (1) 液体を加熱するとき，沸点に達しても沸騰が始まらず，弱い衝撃が加わった瞬間，**突然沸騰が始まり(突沸)，液体が容器から飛び出したり，容器が破裂したりする**ことがある。この危険を防ぐ目的で，沸騰石を入れる。
(2) だ液には**アミラーゼという，デンプンを分解する消化酵素**が含まれている。
(3) ヨウ素液を入れたとき，**試験管Aの溶液は**変化しなかったので，**デンプンを含まない。Bの溶液は**青紫色になったので，**デンプンを含む**。すなわち，だ液のはたらきでデンプンがほかの物質に変化したことがわかる。
(4) **ベネジクト液の反応が現れるのは，デンプンが分解された物質(麦芽糖(ばくがとう)やブドウ糖)がある場合**である。試験管Aの溶液はベネジクト液の反応が現れたので，下線部の物質を含む。

2 (1) ヒトの心臓には，心室が左右に2つ，心房も左右に2つある。**心室が収縮して血液を動脈へ押し出し，心房が拡張して血液が静脈から入る**。心臓から肺に送り出されるのは，**二酸化炭素を多く含む血液＝静脈血**である。
(2) 図の血管のつながり方と血液の流れ方から，Aは肺，Bは小腸，Cはじん臓である。
物質a…肺で増える(ほかで減る)から酸素。
物質b…じん臓で減る(ほかで増える)から不要な物質。
物質c…小腸で増える(ほかで減る)から栄養分。
物質d…肺で減る(ほかで増える)から二酸化炭素。

3 (1) ① 腕立て伏せでからだを上げるためには，腕をのばさなければならない。
② 鉄棒のけんすいでからだを上げるためには，腕を曲げなければならない。

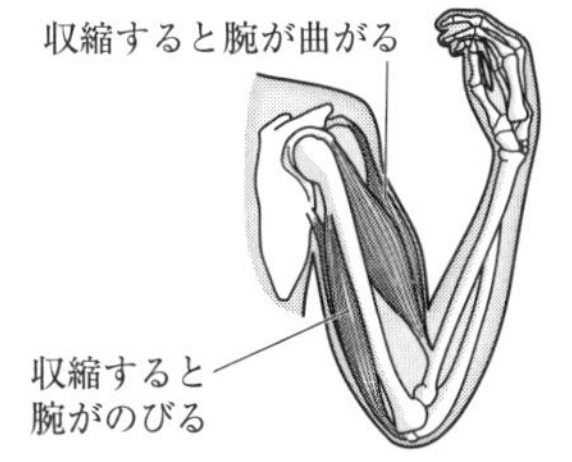

(2) ② 反射では，**一定の刺激に対して，決まった反応が無意識に起こる。**
(3) xでは，信号がおもに「**感覚器官→せきずい→筋肉**」と伝わって反応が起こる。yでは，信号が「**感覚器官→せきずい→脳→せきずい→筋肉**」と伝わって反応が起こる。信号が伝わる経路が短いほうが，刺激から反応までの時間が短い。

4 (2) 最終的に，**タンパク質はアミノ酸，デンプンはブドウ糖，脂肪は脂肪酸とモノグリセリドに分解**される。
(3) ② **ア**は肝臓，**イ**は胃，**ウ**はすい臓，**エ**は大腸である。
③ 肝臓は胆汁をつくる。胆汁には消化酵素が含まれていないが，脂肪の消化(分解)を助ける。

11日目 天気の変化

基礎問題 解答

問題42ページ

1 ①a…カ　b…面積　②小さくなる。
2 ③A…○　B…◎　C…●　④(気圧の)高いほう(から)低いほう　⑤a…高気圧　b…低気圧
⑥a…下降気流　b…上昇気流
3 ⑦50%　⑧20℃…なし　10℃…5.8g　⑨a…下がる(低くなる)。b…雲(水滴)
4 ⑩X　⑪A…寒冷前線　B…温暖前線　⑫a…積乱雲　b…乱層雲　⑬B
5 ⑭偏西風　⑮a…大陸　b…大陸　⑯A…シベリア気団　C…小笠原気団　⑰A
⑱西高東低　⑲停滞前線　⑳熱帯低気圧

基礎力確認テスト 解答・解説

問題44ページ

1 (1) 露点　(2) 74%　(3) 510g　**2** (1) ①下がり　②下がる(低くなる)　(2) イ，ウ
3 (1) 温暖前線　(2) ウ　(3) ①イ　②ア
4 (1) ①停滞前線(梅雨前線)　②北…エ　南…イ
(2) ① 1016hPa　②気圧配置…イ　季節風の向き…b

1 (1) **飽和水蒸気量(空気 $1m^3$ 中に含むことのできる水蒸気の最大量)は，気温が下がるほど小さくなる。**そのため，水蒸気を含む空気の温度が下がっていくと，湿度がしだいに高くなり，多くの場合，ある温度で100%になる。このときの温度が**露点**である。**気温がさらに下がると，空気中の水蒸気の一部が水滴になる。**
(2) **金属容器の表面に水滴がつき始めたときの水温15℃が露点**である。15℃の飽和水蒸気量は $12.8g/m^3$ だから，これがこのときの空気 $1m^3$ 中に含まれる水蒸気の量である。また，理科室の気温は20℃だから，飽和水蒸気量は $17.3g/m^3$ である。よって湿度は，
$(12.8[g/m^3] \div 17.3[g/m^3]) \times 100 = 73.9\cdots$より，74%。
(3) 10℃の飽和水蒸気量は $9.4g/m^3$ だから，**理科室の空気を10℃まで冷やすと，空気 $1m^3$ あたり，$12.8[g/m^3] - 9.4[g/m^3] = 3.4[g/m^3]$ の水滴ができる。**理科室の空気の体積は $150m^3$ だから，全体では $3.4[g/m^3] \times 150[m^3] = 510[g]$ の水滴ができる。

2 (1) この実験では，ピストンを素早く引いたために，フラスコ内の空気が膨張し，温度が下がった。
(2) **冷たい空気は暖かい空気より密度が大きい**ので，**ア**のようなことは起こらない。
イは，夏の晴れた日の午後，積乱雲が発達して夕立が降る原因である。
ウは，冬の北西の季節風がふくときに，日本海側の山沿いで積乱雲が発達し，大量の雪が降る原因である。

3 (1) 日本付近の低気圧(温帯低気圧)は，**中心から南東方向に温暖前線，南西方向に寒冷前線**をともなっていることが多い。図のXが温暖前線，Yが寒冷前線である。
(2) Y(寒冷前線)の構造は下図の通り。

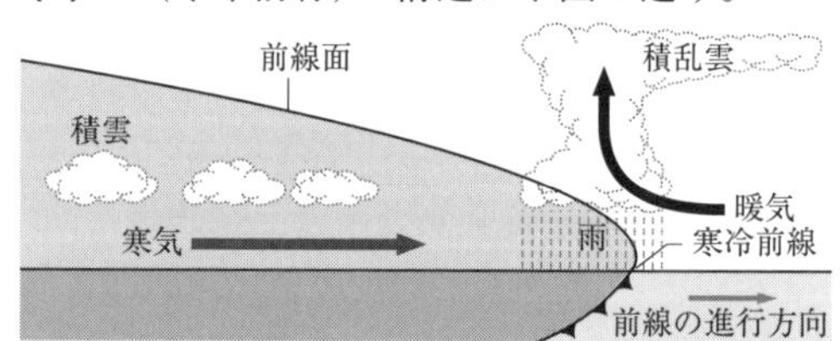

寒気が暖気を押し上げて，急激な上昇気流が生じ，積乱雲が発達して，激しい雨が短時間降る。
(3) 図1・図2は4月の天気図であり，**低気圧と移動性高気圧が交互に日本を通過していく**ようすが読みとれる。日本のような中緯度地域では，上空に強い西寄りの風(偏西風)が地球規模で1年中ふいている。

4 (1) ② **この時期(6月)の停滞前線は，**梅雨前線ともよばれ，**冷たく湿っているオホーツク海気団と暖かく湿っている小笠原気団の勢力がつり合ってできる。**
(2) ① 1000hPaの等圧線から数えて5本目が1020hPaになっているから，**等圧線は4hPaごとに引かれている。**
② 図2は冬(12月)の天気図であり，左上にある高気圧(シベリア高気圧)からふき出す，**冷たい北西の季節風**が日本をふきぬける。

12日目 生物のふえ方と遺伝

基礎問題 解答

問題46ページ

1 ①細胞分裂　②染色体　③変化しない。　④(ふえた細胞が)大きくなる(こと)

2 ⑤X…花粉管　A…精細胞　B…卵細胞　⑥受精卵　⑦Z…胚　胚珠…種子　子房…果実
⑧x…受精　y…発生　⑨減数分裂　⑩6本　⑪無性生殖

3 ⑫染色体　⑬顕性形質　⑭分離の法則　⑮親X…A　親Y…a　⑯Aa　⑰〈丸〉

4 ⑱進化　⑲相同器官

基礎力確認テスト 解答・解説

問題48ページ

1 (1) C　(2) イ　(3) e→d→b→c→f

2 (1) 花粉管　(2) ウ　(3) ①胚珠　②胚

3 (1) Aa　(2) オ　(3) ウ　(4) (例)自家受粉が起こらないようにするため。

4 (1) 骨格　(2) (生物の)進化　(3) (例)適した形やはたらきをもつ必要があったから。

1 **(1)** 細胞分裂を観察するには，細胞分裂が盛んな部分を切りとって試料をつくる必要がある。**タマネギの根では，細胞分裂が盛んな部分は先端付近**にある。
[注意]根は，付け根の付近(図のA)ではなく，先端付近(図のC)でのびる。
(2) 核や染色体はほぼ無色なので，そのままでは他の部分と見分けがつかない。
(3) 植物の細胞分裂は，次のように進む。
⓪ 染色体が複製される。
① 核が消えて染色体が現れる。(図のe)
② 染色体が細胞の中央に並ぶ。(d)
③ 染色体が両端に移動する。(b)
④ 2つの核が現れるとともに，細胞の中央に仕切りができて，細胞質が分かれる。(c)
⑤ 2つの新しい細胞ができる。(f)
根の先端付近で起こる細胞分裂(体細胞分裂)で新しくできた細胞は，もとの細胞と同じ数の染色体をもっている。

2 **(1)** 花粉からのびたYは花粉管とよばれ，**雄の生殖細胞(精細胞)を，胚珠の中にある雌の生殖細胞(卵細胞)まで運ぶ**はたらきをする。
(2) **ア**…B(8%ショ糖水溶液)のほうがC(16%)より花粉管が長くのびたので，誤り。
イ…花粉管ののびと温度の関係は，この実験では調べていない。
ウ…A(蒸留水)でも花粉管がのびたので，正しい。
エ…花粉管がのびる方向は調べていない。
(3) 精細胞の核が卵細胞の核と合体するのが**受精**である。受精が完了すると，体細胞分裂が始まり，次のように成長する。

- **受精卵 ──→ 種子の中の胚**
- **受精卵を含む胚珠全体 → 種子**
- **胚珠を含む子房全体 ──→ 果実**

3 **(1)** 種子が〈丸〉の純系のエンドウは遺伝子がAA，〈しわ〉の純系のエンドウは遺伝子がaaである。この2つを交配させると，**次の世代はすべて遺伝子がAa**になる。
(2) Aaどうしを交配させると，**次の世代はAAとAaとaaが数の比で1：2：1**になる。このうち，AAとAaは〈丸〉，aaは〈しわ〉になるから，6000個の$\frac{3}{4}$の4500個が〈丸〉。
(3) 実験3では，aaとAaを交配させているから，**次の世代はAaとaa(すなわち〈丸〉と〈しわ〉)が数の比で1：1**になる。
(4) **エンドウは，自然の状態では自家受粉**をする。実験1や3のように他家受粉をさせるには，自家受粉が起こらない対策が必要である。

4 **(1)** **もとは同一であった器官が，**進化の過程で変化し，**異なる形やはたらきをもつようになったものを相同器官という。**コウモリのつばさ，クジラのひれ，ヒトのうで，ハトのつばさ，カエルやカメの前あしなどが，相同器官である。
[注意]ハトのつばさとチョウの羽は，はたらきは同じだが，同一の器官から進化したものではないので，相同器官ではない。
(3) 生物は，進化によってからだのつくりが変わり，新たな環境で生活できるようになることで，生活範囲を広げてきた。

13日目 地球と宇宙

基礎問題 解答

問題50ページ

1 ①a…自転　b…公転　②a…反時計回り　b…反時計回り　③傾いている。
④a…日周運動　b…年周運動　⑤A…北　B…南　C…東　D…西　⑥春分…Y　夏至…Z
⑦(地球が)地軸を傾けた(状態で)公転(しているから)　⑧角度…30°　向き…西

2 ⑨a…A　b…G　c…C　d…E　⑩a…夕方　b…真夜中　⑪時刻…夕方　方位…西
⑫a…H　b…F

3 ⑬恒星　⑭低いから。　⑮木星型惑星

基礎力確認テスト 解答・解説

問題52ページ

1 (1) C　(2) ウ　(3) 右の図　(4) イ

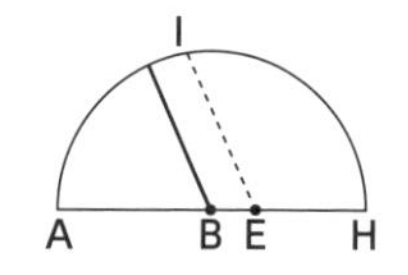

2 (1) エ　(2) 名称…日周運動　理由…(例)地球が自転しているから。
(3) ア　(4) ウ

3 (1) 3時間後　(2) a…大きくなる　b…欠けていく
(3) 時刻…明け方　方位…東

4 (1) 半径…大きい　質量…大きい　密度…小さい　(2) ア　(3) 金星，地球，火星

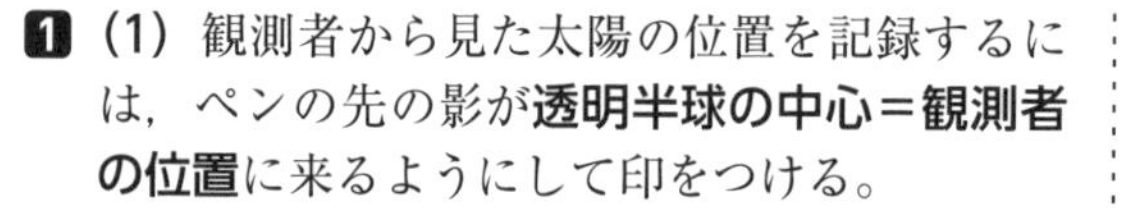

1 (1) 観測者から見た太陽の位置を記録するには，ペンの先の影が**透明半球の中心＝観測者の位置**に来るようにして印をつける。
(2) 太陽の南中高度とは，**観測者から見た太陽の方向と真南の水平線の方向とがつくる角**の大きさである。観測者の位置は透明半球の中心Cだから，太陽の方向はCI，真南の水平線の方向はCA。
(3) 秋分の日には，太陽は真東から出て，真西に沈む。また，**地軸の傾きは1年中変わらないから，秋分の日の太陽の通り道は，夏至の日の通り道と平行**である。よって，図2のEIを，EがBにくるまで平行移動した形になる。
(4) 春分・秋分の太陽の南中高度は「**90°－その地点の緯度**」。地軸が公転面に垂直だとすると，この南中高度のまま1年中変化しない。

2 (1) 肉眼による1時間の観察で見える(わかる)のは日周運動である。**南の空の星の日周運動は東から西**であり，南を向いたときの西は右側(**エ**)である。
(2) 天体の日周運動の原因は地球の自転，天体の年周運動の原因は地球の公転である。
(3) 1か月後の同じ時刻(21時)には，オリオン座は図1の位置(真南)より 360°÷12＝30° 西にある(**年周運動の向きは日周運動と同じ**)。すなわち，この日，オリオン座が図1とほぼ同じ真南にあったのは，30°÷15°＝2　より，21時の2時間前である。
(4) 地球の自転の向きに注意して考える。オリオン座は，地球の位置が**エ**のとき真夜中に南中し，**ア**のとき夕方に，**ウ**のとき明け方に南中する。

3 (1) 太陽が西の地平線に沈んだとき，金星は太陽から45°離れた南西の空にある。**太陽や金星の日周運動は1時間で15°**だから，金星は太陽が沈んだ 45°÷15°＝3時間後に沈む。
(2) PからQへ動く間に，**地球－金星間の距離はしだいに小さくなっていく**ので，金星の見かけの大きさはしだいに大きくなる。また，**金星の欠け方は，地球に近いときほど大きい。**
(3) 金星の公転周期は地球の公転周期より短い(0.62倍)ので，**金星が1回公転してPにもどってきたとき，地球は右の図のCあたりにある**。よって，地平線から金星がのぼったあとに，太陽がのぼる。

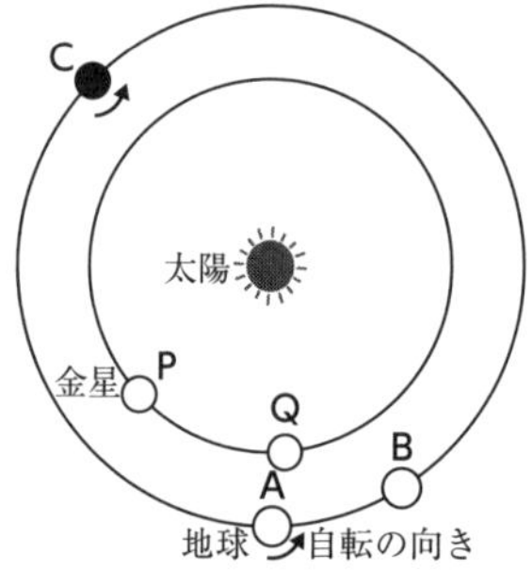

4 (1) **木星型惑星とは**，木星・土星・天王星・海王星(**太陽から遠い4惑星**)。
(3) 金星の公転軌道の長さは地球の0.72倍，公転周期は0.62倍だから，**金星が公転軌道を移動する速さは地球より大きい**(0.72÷0.62≒1.2倍)。同様に考えると，**火星の速さは地球より小さい**(1.52÷1.88≒0.81倍)。

14日目 生態系と人間

基礎問題 解答

問題54ページ

1 ①生態系　②食物連鎖　③a…生産者　b…消費者　④イ，ウ，オ，カ　⑤分解者
⑥ウ，カ　⑦X＞Y＞Z（Z＜Y＜X）　⑧キツネ…減少する。植物…増加する。
⑨二酸化炭素　⑩X…生産者　Y…消費者　Z…分解者

2 ⑪a…二酸化炭素　b…地球温暖化　⑫高い　⑬熱
⑭放射性物質　⑮X線　⑯ア，ウ　⑰プラスチック　⑱ポリエチレンテレフタラート（PET）

基礎力確認テスト 解答・解説

問題56ページ

1 (1) 食物連鎖　(2) 生産者　(3) 植物プランクトン…減少　動物プランクトン…増加
2 (1) 分解者　(2) エ　(3) 炭素　(4) ア
3 (1) (上ずみ液の中にいる微生物)を死滅(しめつ)させるため。 (2) 袋A…エ　袋B…ア　(3) 1つだけ変えた
4 (1) 温室効果　(2) 再生可能　(3) エ

1 (1) 食物によるつながり（連鎖）なので，「食物連鎖」とよばれる。
(2) 生態系の中での有機物の生産と消費に着目すると，生物は，**無機物から有機物をつくり出す生産者**と，生産者のつくり出した**有機物を直接・間接にとり入れて生きる消費者**とに分けられる。具体的にいうと，生産者は光合成をする生物（陸上の植物，水中の植物プランクトンなど），消費者は生産者以外のすべての生物（動物，動物プランクトン，菌類・細菌類など）である。
(3)「植物プランクトン→動物プランクトン→魚」という食物連鎖が成り立っている生態系で，魚の数量が急に減少すると，
動物プランクトン…魚に**食べられることが少なくなるので，数量が増加**する。
植物プランクトン…動物プランクトンが増加するため，動物プランクトンに**食べられることが多くなるので，数量が減少**する。
しかし，**多くの場合，数量のこの変化は一時的であり，やがてもとの安定な状態にもどる。**

2 (1) 生物Aは**有機物の矢印の始点だから生産者**である。生物B・C・Dは，Aから出た**有機物を直接または間接にとり入れているから消費者**である。消費者である生物Dは，生物A・B・Cの**死がいや排出物をとり入れている。**このような消費者を特に分解者という。
(2) 生物A～Cは「生物A→生物B→生物C」という食物連鎖でつながっている。生物Bが急に増加すると，
生物A…生物Bに**食べられることが多くなるので，数量が減少**する。
生物C…**食物（生物B）が豊富になるので，数量が増加**する。
ア～エのグラフのうち，生物Bの増加が始まったあと，Aが減少し，Cが増加しているのは**エ**である。

3 (1) 試験管Bの実験はAの**対照実験**(たいしょう)であり，Aに備わっている**たくさんの条件の1つだけをとり除いてある。**操作③で上ずみ液を煮沸すると，微生物が死ぬので，「微生物がいる」という条件がとり除かれる。
(2) 袋A…石灰水が白くにごったので，**二酸化炭素が発生している。**ヨウ素液の変化がなかったので，**デンプンがなくなっている。**
袋B…石灰水が変化しなかったので，**二酸化炭素は発生していない。**ヨウ素液の変化があったので，**デンプンが残っている。**
(3) 試験管AとBで，1つでなく**2つの条件X・Yが違っていると，**試験管AとBの結果が異なることの原因が，条件Xにあるのか，Yにあるのか，X・Yの両方にあるのかがわからず，**原因を1つに特定できない。**

4 (1) **地球からは熱放射（地面からの赤外線の放出）により熱が宇宙に出ていく。**大気中の二酸化炭素は，この熱を，温室のように，地表近くに閉じこめるはたらきする。
(2) 枯渇性エネルギーとは，化石燃料（石油や石炭，天然ガス）のような，限られた資源のことである。
(3) **イ**…ウランは放射線ではなく，放射性物質であることに注意。放射線の種類とはX線，α線，β線，γ線，中性子線のことである。

第1回　3年間の総復習テスト

➲問題 58 ページ

解答

1 (1) 気孔　(2) ①二酸化炭素の割合(濃度)　②タンポポの葉　(3) A…ウ　B…イ

2 (1) ①(光の)屈折　②全反射　(2) イ

3 (1) X…イ　Y…B　(2) エ　(3) ①高く　②低く　③高く　(4) 放射冷却
(5) ア，エ，オ，カ

4 (1) $2Mg+O_2 \rightarrow 2MgO$　(2) エ　(3) 3：2　(4) 0.53g

5 (1) 衛星　(2) ア　(3) 金星…イ　月…カ
(4) (例)金星は，地球よりも太陽に近いところを公転しているから。(金星は内惑星だから。)

6 (1) ウ　(2) イ　(3) ①同じ　②大きい

解説

1 **(1)** 葉の表皮には，2つの三日月形の細胞(「孔辺細胞」とよばれる)で囲まれたすき間がある。これが気孔であり，ふつう，**葉の表面よりも裏面に多い**。気孔は，孔辺細胞の形が変わることで閉じたり開いたりし，
・蒸散による**水蒸気**の出口
・呼吸や光合成における**酸素**と**二酸化炭素**の出入り口
になっている。

(2) 袋A～Dの実験は，次のような関係にある。

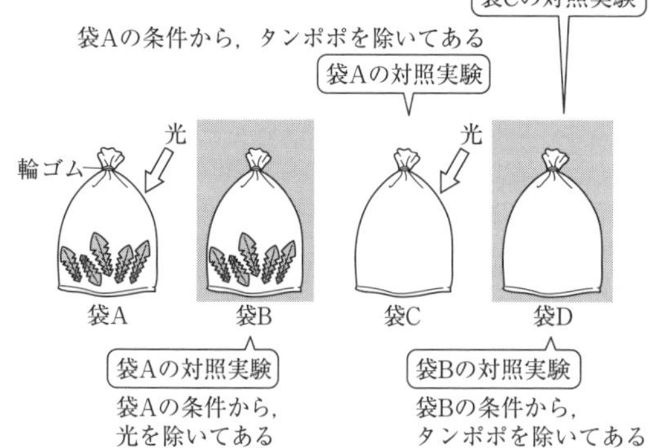

袋C・Dの実験から，明るい場所でも暗い場所でも，タンポポの葉がなかったら二酸化炭素の割合が変化しないことがわかる。

(3) 植物は**1日中呼吸**(酸素をとり入れ，二酸化炭素を放出)をしている。**日光が当たるときには，呼吸に加えて，光合成**(二酸化炭素をとり入れ，酸素を放出)もしている。
日光が十分に強いときには，呼吸よりも光合成が盛んなので，植物のからだ全体としては，二酸化炭素をとり入れ，酸素を放出する。袋Aで二酸化炭素の割合が減少したのはこのためである。

2 **(1)** ① 鉛筆をガラスの前面から見たとき，直接見える部分から出た光は直進して目に届くが，ガラスごしに見える部分から出た光はガラスの境界面で屈折して目に届く。そのため，直接見える部分とガラスごしに見える部分にずれが生じる。
② 光がガラスや水の中から空気中へ進むとき，入射角が限度をこえて大きくなると，すべての光が境界面で反射するようになる。これを全反射という。光が全反射すると，**鉛筆から出た光はガラスの側面からは出てこなくなるので**，ガラスの側面を通して鉛筆を見ることはできない。

(2) 光が空気中からガラス中に進む場合，屈折角は入射角より小さくなる。

3 **(1)** 別の時刻や別の場所との比較が確実にできるように，気温の測り方は統一されている。

(2) 雨の日は，1日中，湿度が高い。また，昼間も気温があまり上がらない(6月19日)。

(3) 気圧と天気のかかわり…気圧が高くなるということは，低気圧が去り，高気圧がやって来たことを意味する。**高気圧の中心付近には下降気流があるので，高気圧におおわれている地域は晴れる**ことが多い。
気温・湿度の1日の変化…**おだやかに晴れた日には**，日中は気温が上がり，夜間は気温が下がる。また，空気中の水蒸気量があまり変化しないので，気温が上がると湿度が下がり，気温が下がると湿度が上がる。つまり，**気温と湿度が逆の変化をする**(6月17日や18日)。

(5) 岩石(土)は水よりも温まりやすく，冷めやすい。そのため，晴れた日の昼間は陸の気温が海の気温より高くなり，夜間はその逆になる。

4 **(1)** マグネシウムの粉末を加熱すると，酸素と結びついて，酸化マグネシウムができる。
　マグネシウム＋酸素→酸化マグネシウム

マグネシウムはマグネシウム原子の集まりなので，化学式は(元素記号をそのまま使って)Mg。酸素は酸素原子が２個結びついて酸素分子をつくっているので，化学式はO_2。酸化マグネシウムはマグネシウム原子と酸素原子が数の比１：１で結びついてできているので，化学式はMgO。

物質名の式を化学式に置きかえると

$Mg + O_2 \rightarrow MgO$

となるが，これでは酸素原子Oが矢印の左に２個，右に１個あり，数が合わない。そこで，右辺のMgOに係数「2」をつけて

$Mg + O_2 \rightarrow 2MgO$

とすると，今度はマグネシウム原子Mgが矢印の左に１個，右に２個あり，数が合わない。そこで，左辺のMgに係数「2」をつける。

$2Mg + O_2 \rightarrow 2MgO$

これで，**矢印の左右で，原子の種類と数が同じ**になった。

(2) 表から，マグネシウム1.20 gを加熱すると酸化マグネシウムが2.00 gできることがわかる。このとき結びついた酸素の質量は，

2.00〔g〕－1.20〔g〕＝0.80〔g〕

である。したがって，横軸が1.2で縦軸が0.8の点を通るグラフを選べばよい。

(3) **(2)**で求めたように，マグネシウム1.20gと酸素0.80gが結びつくから，

マグネシウムの質量：酸素の質量

＝1.20〔g〕：0.80〔g〕＝3：2

(4) 2.10gのマグネシウムを加熱して生成物の質量が3.15 gになったのだから，このとき結びついた酸素の質量は，

3.15〔g〕－2.10〔g〕＝1.05〔g〕

である。1.05gの酸素と結びついたマグネシウムの質量をxgとすると，x：1.05＝3：2　より

$x = (1.05 \times 3) \div 2 = 1.575$

これだけのマグネシウムが酸素と反応したのだから，残りが酸素と反応していない。

2.10〔g〕－1.575〔g〕＝0.525〔g〕

5 **(1)** **惑星**は太陽(**恒星**)のまわりを公転する天体で，地球もその１つである。月のように，惑星のまわりを公転する天体は**衛星**とよばれる。

(2) 同じ場所で同じ時刻に観測すると，月は１日に約12°ずつ東に移動し(月は約30日で公転するので，360°÷30＝12°)，オリオン座は１日に約1°ずつ西に移動する(地球は約365日で公転するので，360°÷365≒1°)ように見える。10日後なら，月は約120°東に，オリオン座は約10°西に移動している。

図１の月はほぼ真西にあり，**真西の90°東が真南だから，120°東はほぼ南東**である。**ア**～**エ**のうち，月が南東にあるのは**ア**と**ウ**。

アと**ウ**のうち，オリオン座が図１より西に移動しているのは**ア**。

(3) 図１のとき，金星は夕方の西の空に見え，図２のようにちょうど半分欠けているので，このときの金星の位置は右の図のＡのあたりである。１か月後には，金星は公転して**イ**に移動している。

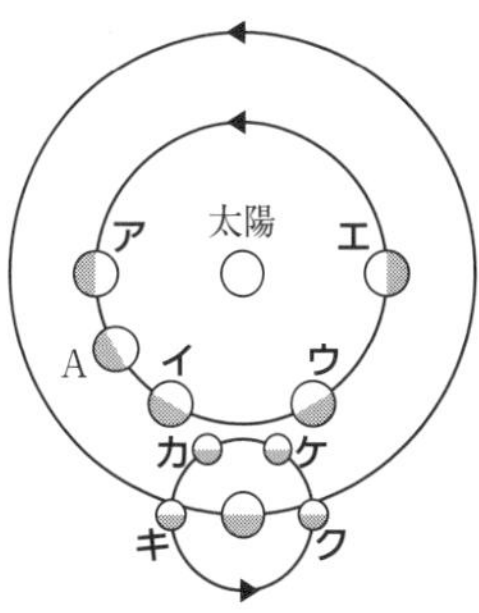

月は，**カ**が三日月，**キ**が半月(上弦の月)，**ク**が半月(下弦の月)，**ケ**が三日月を左右反対にした形の月。月の公転周期は約１か月なので，30日後の位置は**カ**。

6 **(1)** 点Ｒはおもりが静止した瞬間である。このとき，おもりには，右の図のように，下向きの重力Wと，糸がおもりを引く力Aの２力がはたらいている。

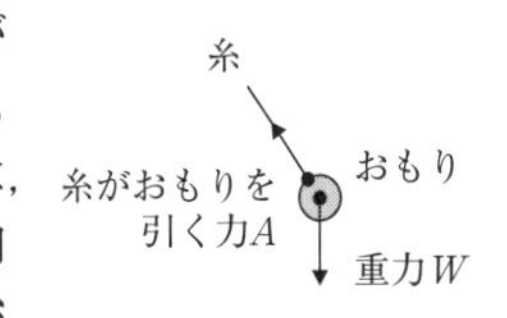

この直後，おもりは，この２力の合力によって左下(糸に垂直な方向)に向かって動きだす。

(2) おもりがＰからＱに運動する間は，おもりの位置エネルギーは減少し(位置が低くなり)，運動エネルギーは増加する(速さが大きくなる)。その後，おもりがＱからＲに運動する間は，おもりの位置エネルギーは増加し(位置が高くなり)，運動エネルギーは減少する(速さが小さくなる)。

このように**位置エネルギーと運動エネルギーは逆の変化をするから，運動エネルギーのグラフは，位置エネルギーのグラフを上下に反転した形**になる。また，ＰとＲでは速さがゼロだから，運動エネルギーもゼロである。

(3) ① 振り子の長さ(点Ｏからおもりの中心までの距離)が変化しないので，１往復する時間も変化しない。

② 最下点Ｑでのおもりの運動エネルギーは，最高点Ｐでのおもりの位置エネルギーに等しい。また，**位置エネルギーは，高さが同じなら，物体の質量が大きいほど大きい。**おもりを質量が大きいものにとりかえたから，Ｐでの位置エネルギーは大きくなっている。

第2回　3年間の総復習テスト

➲問題 62 ページ

解答

1 (1) ウ　(2) 右の図
(3) ①遺伝子　② DNA(デオキシリボ核酸)

(2) Y　Z

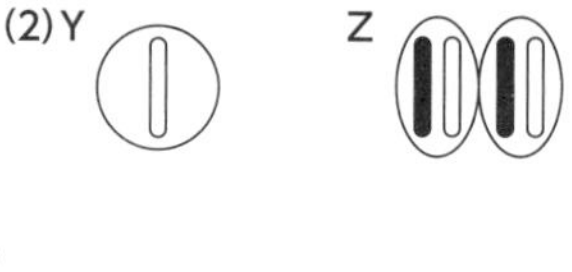

2 (1) 溶解度　(2) ア　(3) 右の図

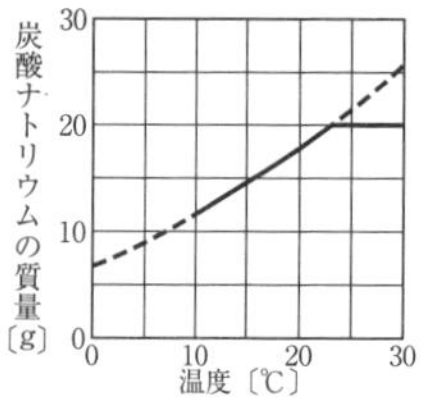

3 (1) (例)物質と接する面積が大きくなるから。
(2) 根毛　(3) ①胃液　②アミノ酸　(4) 組織液

4 (1) ①b　②b　(2) ① 60Ω　② 100mA　(3) 15Ω

5 (1) 主要動　(2) エ　(3) ①　(4) ①同じ　②大きい

6 (1) (例)電流が流れるように(流れやすく)するため。　(2) ア　(3) 水素イオン
(4) (例)陽イオンであり(+の電気を帯びており)，陰極側に引き寄せられるから。

解説

1 **(1)** 受精卵は，体細胞分裂をして胚になり，さらに体細胞分裂をくり返すことで細胞の数をふやし，成体へと成長する。このような，**受精卵から成体になるまでの過程を発生**という。**ア**～**エ**を発生の順にならべると，**ア→エ→イ→ウ**となり，細胞数が最も多いのは**ウ**である。

(2) 有性生殖では，**染色体の数がもとの細胞の半分になる減数分裂**によって生殖細胞(精子や卵)ができ，この生殖細胞が受精することで受精卵ができる。したがって，**受精卵は両親の染色体を半分ずつもつ**ので，受精卵の染色体(▮▯)のうち，▮は精子(X)，▯は卵(Y)から受けついだものである。また，細胞分裂をしてふえた細胞は，もとの細胞と同じ染色体をもつので，受精卵が2細胞に分裂した胚(Z)の染色体はどちらも▮▯と表される。

(3) 形質のもとになるものを遺伝子といい，遺伝子は親から子へ，子から孫へと受けつがれていく。そのため，子の形質は両親のもつ遺伝子(①)によって決まる。遺伝子は，細胞の核内の染色体にあり，**その本体はDNA**(デオキシリボ核酸)(②)とよばれる物質である。

2 **(1)** 100gの水に溶ける限度の量を溶解度という。溶解度は物質によって異なる。
また，溶解度は，同じ物質でも，温度によって異なる。グラフのように，炭酸ナトリウムの溶解度は温度が高くなるにつれて増加する。それに対して，食塩(塩化ナトリウム)の溶解度は温度が変化してもほとんど変わらない。

(2) フェノールフタレイン溶液は，酸性と中性で無色，アルカリ性で赤色になる。
炭酸ナトリウムは，炭酸水素ナトリウムを加熱したとき，あとに残る白色の物質である。

炭酸水素ナトリウム
→炭酸ナトリウム＋二酸化炭素＋水

炭酸水素ナトリウムの水溶液にフェノールフタレイン溶液を加えるとうすい赤色になるが，炭酸ナトリウムの水溶液にフェノールフタレイン溶液を加えると濃い赤色になる。

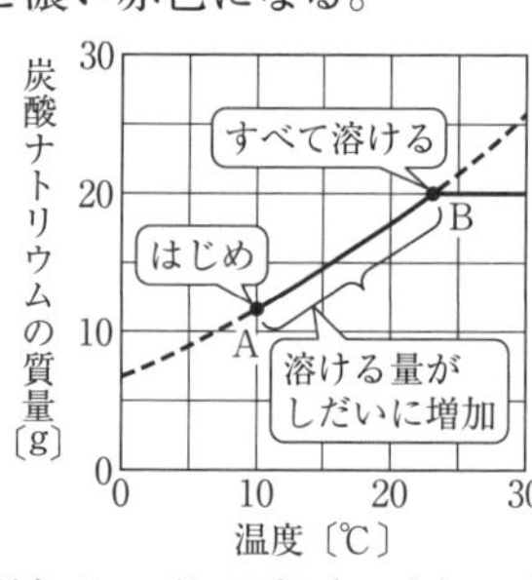

(3) 右のグラフのように，20gの炭酸ナトリウムのうち，10℃(A点)では約12gが水に溶け，約8gが溶け残る。温度を上げるにつれて溶ける量が増加し，約23℃(B点)ですべて溶ける。その後は，温度を上げても，溶けている炭酸ナトリウムの質量は20gのまま変化しない。

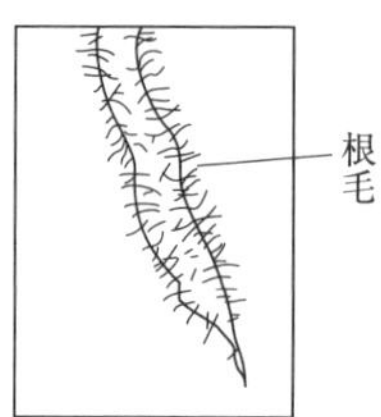

3 **(1)(2) 生物は「面積(表面積)を広くすることで効率を高める」という方法をいろいろな場面で使っている。**

肺胞…空気とふれ合う面積を広くして，酸素と二酸化炭素の交換の効率を高める。
柔毛…栄養分とふれ合う面積を広くして，栄養分を効率よく吸収する。
根毛(上の図)…土とふれ合う面積を広くして，土の中の水や養分を効率よく吸収する。

(3) だ液が含む消化酵素はアミラーゼで，デンプンにははたらくが，タンパク質にははたらかない。胃液が含む消化酵素はペプシンで，タンパク質にはたらく。

タンパク質は，胃液中の消化酵素，すい液中の消化酵素，小腸の壁の消化酵素のはたらきで，**最終的にはアミノ酸に分解され，小腸の柔毛で吸収されて，毛細血管に入る**。

4 **(1)** 例えば，100mA の電流を流すために必要な電圧は，下の図のように，グラフで縦軸が 100mA のところを横にたどって，抵抗器 a は 2V，b は 4V とわかる。

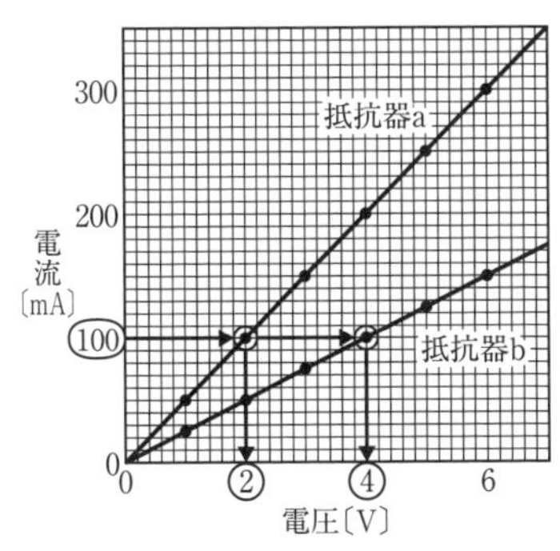

電圧は電流を流そうとするはたらきであり，**同じ電流を流すのに大きな電圧を必要とするものほど，電流が流れにくい(抵抗が大きい)**。

(2) ① グラフより，抵抗器 a には 2V の電圧で 100mA＝0.1A の電流が流れるから，抵抗は，

2〔V〕÷0.1〔A〕＝20〔Ω〕

オームの法則を使う計算では，電流の単位を〔A〕にすること。

同様にして，抵抗器 b の抵抗は，

4〔V〕÷0.1〔A〕＝40〔Ω〕

抵抗を直列につないだ場合，全体の抵抗は各抵抗の和になるから，回路全体の抵抗は，

20〔Ω〕＋40〔Ω〕＝60〔Ω〕

② 60Ω の抵抗に 6V の電圧を加えるのだから，流れる電流は，

6〔V〕÷60〔Ω〕＝0.1〔A〕＝100〔mA〕

(3) 図 2 の場合，抵抗器 a と c が並列につながれているから，a にも c にも電源の電圧(6V)が加わる。a に 6V の電圧を加えると，グラフより，300mA の電流が流れる。したがって，このとき c には，全体の電流から a の電流を引いた

700〔mA〕－300〔mA〕＝400〔mA〕＝0.4〔A〕

が流れる。c に加わっている電圧は 6V だから，c の抵抗は，

6〔V〕÷0.4〔A〕＝15〔Ω〕

5 **(1)** 地震が発生したとき震源から出て周囲に広がっていく波のうち，**速く伝わるほうをＰ波，遅く伝わるほうをＳ波**という。Ｐ波が到着すると初期微動(最初の小さなゆれ)が始まり，Ｓ波が到着すると主要動が始まる。

(2) 初期微動が始まってから主要動が始まるまでの時間を初期微動継続時間という。各観測点での初期微動継続時間を計算すると，

- 観測点① … 5 秒
- 観測点② … 15 秒
- 観測点③ … 20 秒
- 観測点④ … 9 秒

となっている。**初期微動継続時間は，震源から遠い地点ほど長い**。したがって，観測点③は 4 つの観測点の中で震源(震央)から最も遠い。地図中の地点**ア**～**エ**のうち，×印(震央)から最も遠いのは**エ**。

(3) 地面のゆれは，その地点が砂地か，岩盤かなどの地質の違いの影響を受ける。**地質が同じなら，地面のゆれは，震源に近い地点ほど大きい**。

初期微動継続時間から判断して，震源に最も近いのは観測点①である。

(4) マグニチュードは，地震の規模(地震で周囲に放出されるエネルギー)の大きさを表す。同じ地点では，**マグニチュードが大きいほど，地面のゆれ(震度)が大きい**。

初期微動継続時間は，震源からの距離で決まり，マグニチュードとは無関係である。

6 **(1)** **純粋な水は電流をほとんど通さないので，この実験には適さない**。小さい電圧で電流が流れるようにするために，中性の電解質の水溶液を用いる。

(2) 糸に塩酸をしみこませているので，青色リトマス紙の陰極側が赤色になる。

(3) 塩酸は塩化水素 HCl の水溶液で，塩化水素が水素イオンと塩化物イオンに電離している。

$HCl \rightarrow H^{+} + Cl^{-}$

この 2 種類のイオンのうち，リトマス紙の色を変化させるのは，酸性の原因である H^{+} である。Cl^{-} は，リトマス紙の色を変えない。

(4) 水素イオンは，その化学式 H^{+} からもわかるように，**陽イオンであって，＋の電気を帯びている。したがって，陰極と陽極の間にあると，陰極のほうに引かれて移動する**。そのため，青色リトマス紙の赤色に変化した部分が，陰極側にしだいに広がっていく。

塩酸のかわりに水酸化ナトリウム水溶液を使って同様の実験をすると，アルカリ性の原因である水酸化物イオン OH^{-} が陽極のほうに引かれて移動するので，赤色リトマス紙の青色に変化した部分が，陽極側にしだいに広がっていく。

受験合格への道

受験の時期までにやっておきたい項目を，
目安となる時期に沿って並べました。
まず，右下に，志望校や入試の日付などを書き込み，
受験勉強をスタートさせましょう！

受験勉強スタート！

夏
秋

中学3年間を総復習する

まずは本書を使って中学３年間の基礎を固めましょう。**自分の苦手な範囲，理解が不十分な範囲，得点源となりそうな得意な範囲を知っておくことが重要です。**

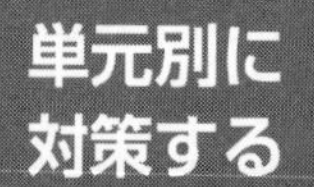

単元別に対策する

①50点未満だった単元
→理解が十分でないところがあります。教科書やワーク，参考書などのまとめのページをもう一度読み直してみましょう。何につまずいているのかを確認し，ここでしっかり克服しておくことが大切です。

②50～74点だった単元
→基礎は身についているようです。理解していなかった言葉や間違えた問題については，「基礎問題」のまとめのコーナーや解答解説をよく読み，正しく理解しておくようにしましょう。

③75～100点だった単元
→よく理解できているので得意分野にしてしまいましょう。いろいろなタイプの問題や新傾向問題を解いて，あらゆる種類の問題，出題形式に慣れておくことが重要です。

志望校の対策を始める

実際に受ける学校の過去問を確認し，傾向などを知っておきましょう。過去問で何点とれたかよりも，出題形式や傾向，雰囲気になれることが大事です。また，似たような問題が出題されたら，必ず得点できるよう，復習しておくことも重要です。

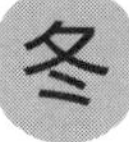

最終チェック

付録の「要点まとめブック」などを使って，全体を見直し，理解が抜けているところがないか，確認しましょう。**入試では，基礎問題を確実に得点することが大切です。**

入試本番！

志望する学校や入試の日付などを書こう。

受験直前まで使える!

3年分の要点まとめブック

中学3年間の総復習 [改訂版] 理科

身のまわりの現象

1 光

重要 ①光の**反射**…光は**物体の表面ではね返る**。

- 光の**反射の法則**…**入射角と反射角は等しい**。

②光の**屈折**…種類の違う透明な物質の境界面に光がななめに進むとき，光はその境界面で**折れ曲がって進む**。

③**全反射**…水やガラスの中から空気中に進む光の入射角が限度をこえて大きくなったとき，**すべての光は境界面で反射する**。

▼光の反射と屈折

④凸レンズの像

よくでる

- **実像**…スクリーンなどに物体からの光が集まってできる，**上下左右が逆向き**の像。

物体の位置	像の種類	像の大きさ	
焦点距離の２倍の位置より外側	**実像**	物体より**小さい**	
焦点距離の２倍の位置	**実像**	物体と**同じ大きさ**	
焦点と焦点距離の２倍の位置の間	**実像**	物体より**大きい**	

- **虚像**…物体が凸レンズの**焦点よりも内側**にあるとき，物体の反対側から凸レンズを通して見える像。物体と**向きは同じ**で，**大きさは物体より大きい**。

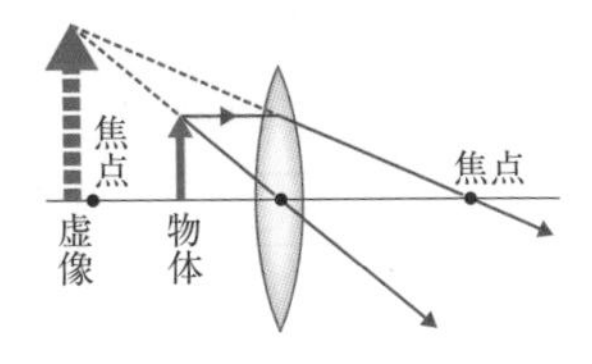

2 音

①音の伝わり方

- 固体，液体，気体の中を**振動**することで波として伝わる。
- **真空中**には振動を伝える物質がないので，**音は伝わらない**。

②音の速さ…空気中で**約 340m/s**。

▼ オシロスコープで見た音のようす

高い音 ⟷ 低い音

大きい音 ↕ 小さい音

よくでる ③音の大きさと高さ

- **振幅**…物体が振動する**振れ幅**。**振幅が大きいほど，音の大きさは大きくなる。**
- **振動数**…物体が**1秒間に振動する回数**。単位はヘルツ(記号：Hz)。**振動数が多いほど，音の高さは高くなる。**

3 力

①力の単位…**ニュートン**(記号：N)。1N は，約 100g の物体にはたらく重力の大きさ(重さ)とほぼ同じである。

重要 ②**フックの法則…ばねののびは，ばねに加わる力の大きさに比例する。**

重要 ③力の表し方

- **作用点**(**力のはたらく点**)：矢印の始点にする。
- **力の向き**：矢印の向きで表す。
- **力の大きさ**：矢印の長さで表し，力の大きさに比例した長さにする。

▼ 力の表し方

④2力のつり合い

- **2力がつり合う条件**
  - ・2力が**一直線上にある**。
  - ・2力の**大きさが等しい**。
  - ・2力の**向きが反対**である。

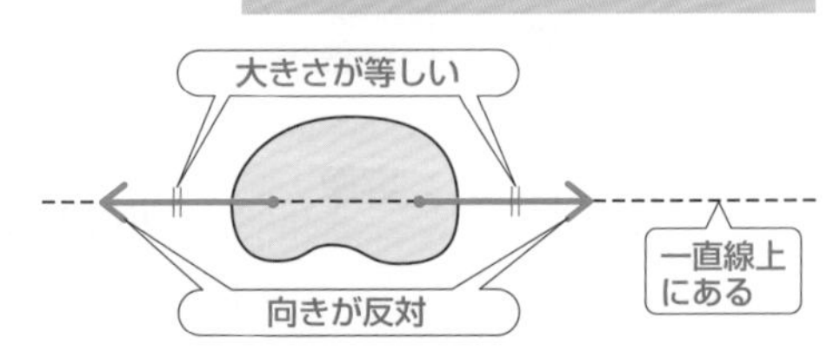

電流

1 回路の電流・電圧・抵抗

①**回路図**…回路のようすを，**電気用図記号**で表したもの。

電気器具	電源 乾電池 電源装置	豆電球	スイッチ	電気抵抗(電熱線)	電流計	電圧計
電気用図記号	長いほうが+極				Ⓐ	Ⓥ

②**直列回路**…電流の流れる道すじが１本でつながっている回路。

- **電流の大きさはどの点でも同じ**である。
- **各部分に加わる電圧の和が電源の電圧**になる。

電流…$I=I_1=I_2=I_3=I'$
電圧…$V=V_1+V_2=V'$

▼ 直列回路の電流

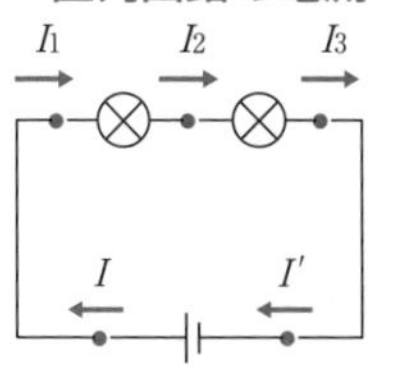

▼ 直列回路の電圧

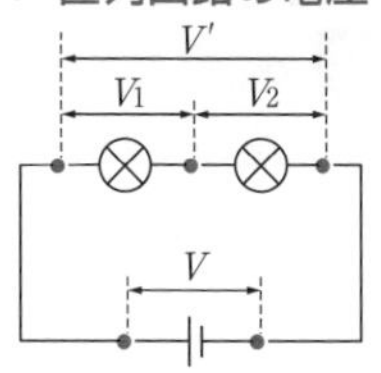

③**並列回路**…電流の流れる道すじが枝分かれしている回路。

- **枝分かれしたあとの電流の和が枝分かれする前の電流の大きさ**になる。
- **各部分に加わる電圧は電源の電圧と等しい**。

電流…$I=I_1+I_2=I'$
電圧…$V=V_1=V_2=V'$

▼ 並列回路の電流

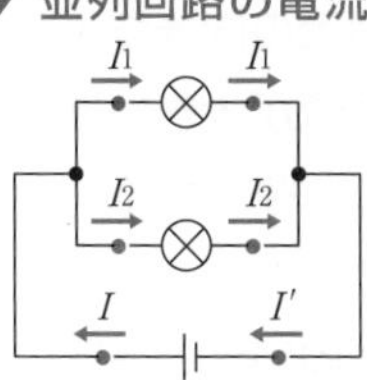

▼ 並列回路の電圧

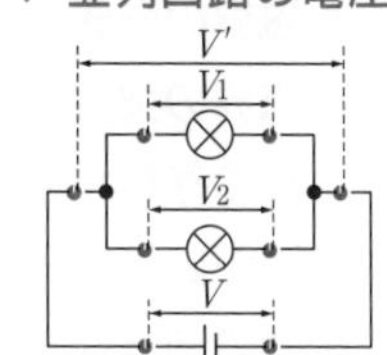

④電気抵抗（抵抗）

よくでる

- **オームの法則**…電熱線を流れる**電流の大きさは，電熱線の両端に加わる電圧の大きさに比例**する。
- **電気抵抗**…**電流の流れにくさ**。
単位は**オーム**（記号：Ω）。

$$電気抵抗〔Ω〕=\frac{加えた電圧〔V〕}{流れる電流〔A〕}$$

注意！

オームの法則の表し方

抵抗R〔Ω〕の電熱線の両端にV〔V〕の電圧を加えたときに流れる電流をI〔A〕とすると，

$$V=R\times I \quad I=\frac{V}{R} \quad R=\frac{V}{I}$$

- 回路全体の電気抵抗

直列回路

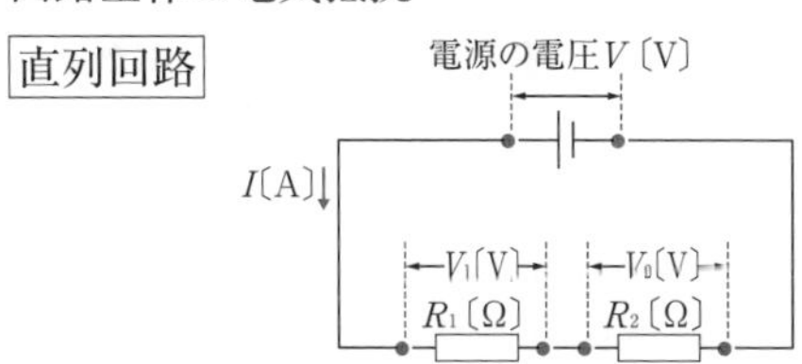

全体の電気抵抗を R〔Ω〕とすると，

$$R=R_1+R_2$$

並列回路

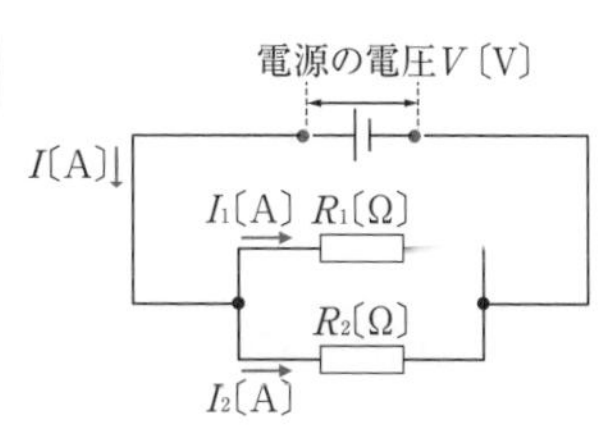

全体の電気抵抗を R〔Ω〕とすると，

$$\frac{1}{R}=\frac{1}{R_1}+\frac{1}{R_2}$$

2 電気エネルギー

①**電力**…**電気器具がはたらくために１秒間に消費する電気エネルギー**。単位は**ワット**（記号：W）。

電力の求め方
電力〔W〕＝電圧〔V〕×電流〔A〕

②電流による発熱

- **熱量**…**電熱線などから発生した熱の量**。単位は**ジュール**（記号：J）。１Wの電力で，**電流を１秒間流したときに電熱線などから発生する熱量が１J**である。

電流による熱量の求め方
発熱量〔J〕＝電力〔W〕×時間〔s〕

③**電力量**…電気器具をある時間使ったときに消費された電気エネルギーの量。単位はジュール(記号：J)。

電力量の求め方
電力量〔J〕＝電力〔W〕×時間〔s〕

3 電流と磁界

重要 ①**導線のまわりの磁界**…導線のまわりに**同心円状の磁界**ができる。

重要 ②**コイルのまわりの磁界**…コイルの内側に**コイルの軸に平行な磁界**ができる。

- **磁界の向きは，電流の向き**で決まる。
- **磁界の強さは，電流が大きい**ほど，**コイルの巻数が多い**ほど強くなる。

▼ 導線のまわりの磁界

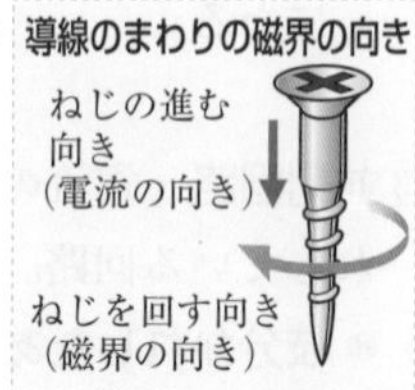

▼ コイルのまわりの磁界

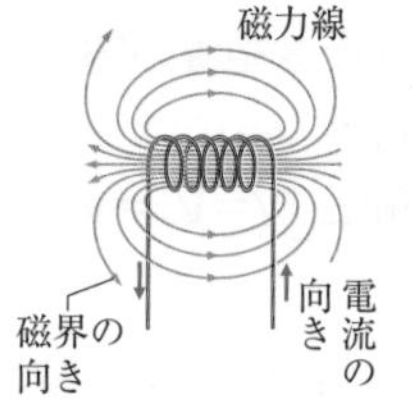

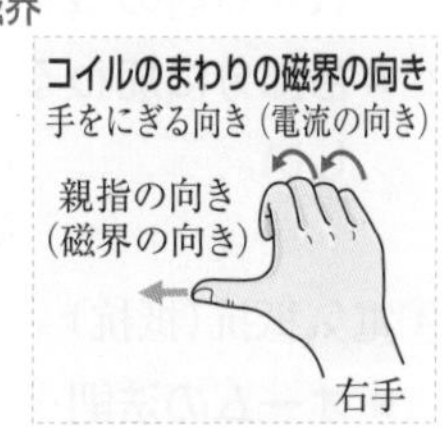

③電流が磁界から受ける力

- **力の向きは，電流の向きと磁界の向き**で決まる。
- **力の強さは，電流を大きくする**，または**磁界を強くする**と強くなる。

④**電磁誘導**…コイルの中の**磁界が変化すると，コイルに電圧が生じて電流が流れる現象**。
電磁誘導による電流を**誘導電流**という。

- **誘導電流の向きは，棒磁石を近づけるときと遠ざけるとき**で逆になる。また，**近づける極を逆にすると**逆になる。
- **誘導電流の大きさは，コイルの巻数が多い**ほど，**磁界の変化が大きい**ほど，**磁石の磁力が大きい**ほど大きくなる。

▼ 電流が磁界から受ける力

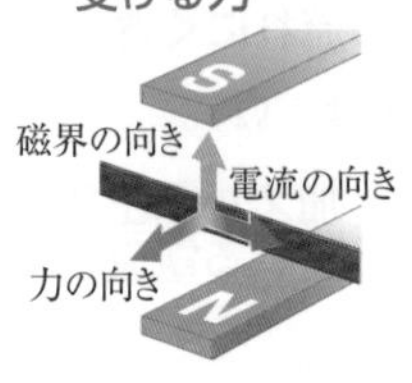

▼ 電磁誘導

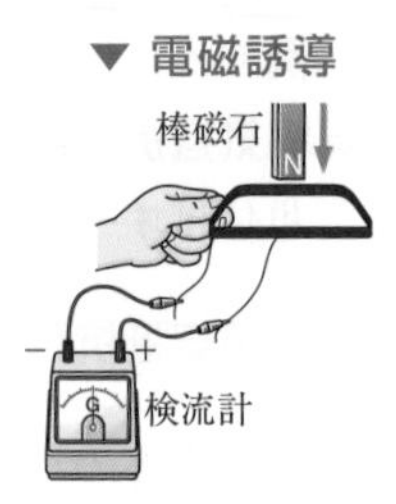

運動・力・エネルギー

1 運動と力

①**力の合成**…**2力と同じはたらきをする1つの力**(合力)を求める。

- **2力の向きが同じ**とき，合力の向きは2力と同じで，大きさは**2力の和**になる。
- **2力の向きが反対**のとき，合力の向きは大きいほうの力と同じ向きで，大きさは**2力の差**になる。
- **2力が一直線上にないとき**…2力の合力は，**2力を2辺とする平行四辺形の対角線**になる。

F_1とF_2の合力
対角線
平行四辺形
F_1
F_2

②**力の分解**…1つの力を，**同じはたらきをする2力**(分力)に分ける。

- 分力は，**もとの力を対角線とする平行四辺形の2辺**である。

③水圧…水の重さによる圧力。

- **あらゆる向き**から物体の表面に**垂直**にはたらく。
- **水の深さが深いほど大きくなる。**

④浮力…水中で物体にはたらく上向きの力。

- **水中にある部分の体積が大きいほど大きい。**
- 物体の下面にはたらく水圧と上面にはたらく水圧の差によって生じるので，**浮力の大きさは水の深さに関係しない。**

▼ 水圧と浮力

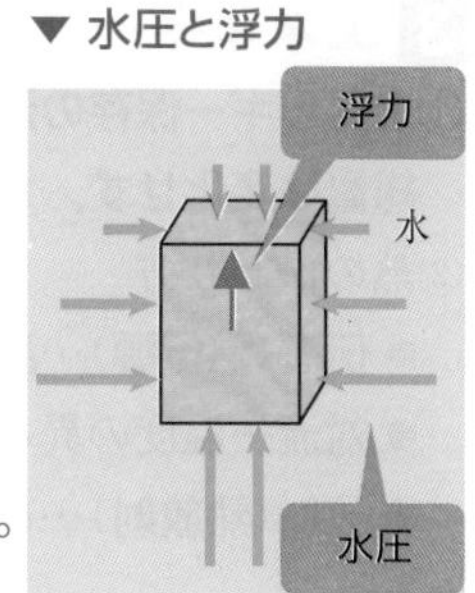

浮力〔N〕＝空気中でのばねばかりの値－水中でのばねばかりの値

よくでる ⑤物体の運動

$$物体の速さ〔m/s〕=\frac{移動距離〔m〕}{かかった時間〔s〕}$$

- 物体の運動は**速さ**と**向き**で表される。
- **等速直線運動**…空気抵抗や摩擦がなく，物体が運動の向きに力を受けていないとき，物体は**一直線上を一定の速さで進む**。
- **慣性の法則**…物体に力がはたらいていないか，力がつり合っているとき，**静止している物体は静止**し続け，**運動している物体は等速直線運動**を続ける。
- **作用・反作用の法則**…ある物体に力を加えると，その物体から同時に，加えた力と**同じ大きさで反対向きの力**を受ける。

注意！
●つり合っている2力は1つの物体にはたらく。
●作用・反作用の2力は2つの物体間ではたらく。

2 運動とエネルギー

重要 ①**仕事**…物体に**力を加えて，力の向きに物体を動かした**とき，力は物体に対して仕事をしたという。単位は**ジュール**(記号：J)。

仕事〔J〕＝力の大きさ〔N〕
×力の向きに動いた距離〔m〕

- **仕事率**…１秒間あたりにする仕事の大きさ。
  単位は**ワット**(記号：W)。

$$仕事率〔W〕=\frac{仕事〔J〕}{仕事にかかった時間〔s〕}$$

- **仕事の原理**…**道具を使っても使わなくても，仕事の大きさは変わらない。**

②**エネルギー**…**別の物体に仕事をする能力**。単位は**ジュール**(記号：J)。

- **位置エネルギー**…**高いところにある物体がもつ**エネルギー。基準面からの**高さ**と**質量**に**比例**する。
- **運動エネルギー**…**運動している物体がもつ**エネルギー。物体の**速さ**と**質量**によって**変化**する。
- **位置エネルギーと運動エネルギーの和**を**力学的エネルギー**という。

重要
- **力学的エネルギー保存の法則**(**力学的エネルギーの保存**)…空気抵抗や摩擦がないとき，**力学的エネルギーは一定**に保たれる。

▼ 振り子の運動

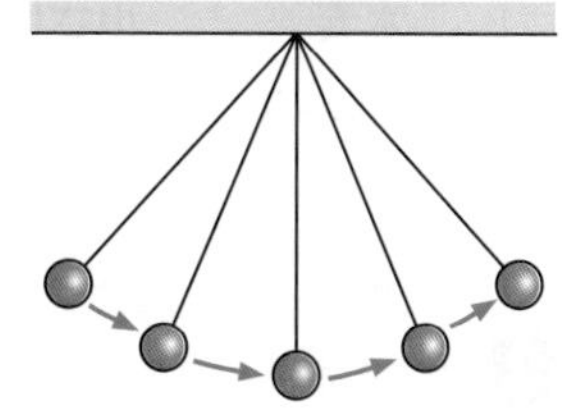

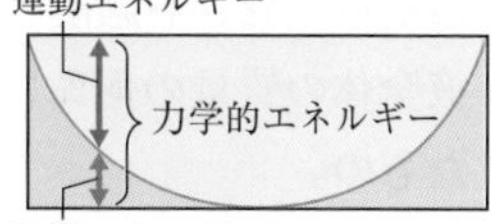

3 エネルギーの変換と保存

①**エネルギー保存の法則**…エネルギーはいろいろな姿に変換されるが，**エネルギーの総量は変化せず，つねに一定**に保たれる。

②熱の伝わり方

- **伝導(熱伝導)…高温の部分から低温の部分へと熱が伝わる現象。**
- **対流**…温度の異なる液体や気体が**流動して熱が運ばれる現象**。
- **放射(熱放射)**…高温の物体の**熱がはなれた物体に伝わる現象**。

身のまわりの物質

1 いろいろな物質

①**密度…物質 $1\ cm^3$ あたりの質量**。単位は g/cm^3。**物質によって決まっていて，物質を区別するのに用いられる。**

$$密度〔g/cm^3〕=\frac{質量〔g〕}{体積〔cm^3〕}$$

②**有機物**…炭素をふくむ物質。燃えると二酸化炭素が発生する。

③**無機物**…有機物以外の物質。

2 身近な気体

①気体の集め方

- **上方置換法**…水に溶けやすく，**空気より密度の小さい(軽い)**気体を集める。
- **下方置換法**…水に溶けやすく，**空気より密度の大きい(重い)**気体を集める。
- **水上置換法…水に溶けにくい**気体を集める。

▼ 上方置換法 ▼ 下方置換法 ▼ 水上置換法

よくでる ②気体の性質

気体	空気と比べた密度	水への溶けやすさ	その他の特徴
二酸化炭素	大きい	**少し溶ける**	**石灰水を白くにごらせる。**
酸素	やや大きい	溶けにくい	**ものを燃やすはたらきがある。**
水素	**小さい**	溶けにくい	燃えると**水ができる**。
アンモニア	小さい	**よく溶ける**	**刺激臭**がある。水溶液はアルカリ性。
窒素	わずかに小さい	溶けにくい	**空気の体積の約78%**を占める。
塩素	大きい	溶けやすい	刺激臭がある。**漂白・殺菌作用**がある。

3 水溶液

重要 ①**質量パーセント濃度**…溶質の質量が溶液全体の質量の何%にあたるかを示したもの。

$$質量パーセント濃度〔\%〕=\frac{溶質の質量〔g〕}{溶液の質量〔g〕}\times 100$$
$$=\frac{溶質の質量〔g〕}{溶質の質量〔g〕+溶媒の質量〔g〕}\times 100$$

②飽和水溶液…一定量の水に物質を溶かしていき，物質がそれ以上溶けることができなくなった水溶液。

注意！ ● 溶解度…水 100g に物質を溶かして飽和水溶液にしたときの，溶けた物質の質量。水の温度によって変化する。

③再結晶…水に溶かした固体の物質を，再び結晶としてとり出すこと。

▼ 溶解度曲線

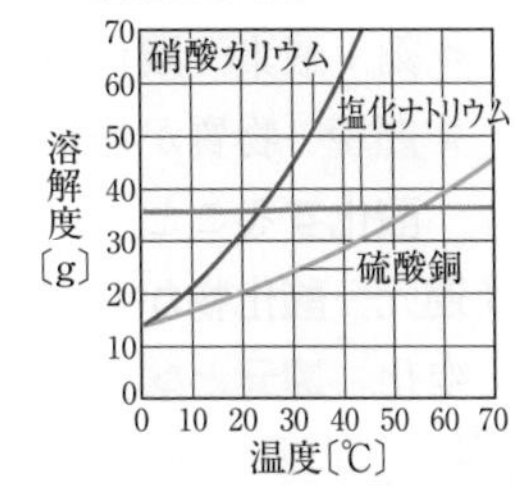

4 状態変化

①状態変化…温度によって，物質が固体，液体，気体と姿を変える変化。体積は変化するが，質量は変化しない。

②液体が沸騰して気体になるときの温度を沸点，固体がとけて液体になるときの温度を融点という。

③蒸留…液体を沸騰させ，出てくる気体を冷やして再び液体にして集める方法。沸点の低いものから先に集まる。

▼ 物質の状態変化

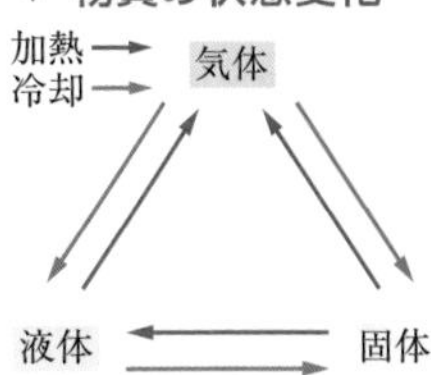

原子・分子と化学変化

1 原子と分子

①原子…物質をつくっている最小の粒子。

● 原子の性質…化学変化によって，それ以上分割できない。原子の種類によって，質量や大きさが決まっている。化学変化によって，なくなったり，新しくできたり，別の種類の原子に変わったりしない。

重要 ● 元素記号

元素	元素記号	元素	元素記号	元素	元素記号
水素	H	ナトリウム	Na	銅	Cu
炭素	C	マグネシウム	Mg	亜鉛	Zn
窒素	N	アルミニウム	Al	銀	Ag
酸素	O	カルシウム	Ca	バリウム	Ba
硫黄	S	鉄	Fe	金	Au
非金属		金属			

②分子…いくつかの原子が結びついた粒子。物質の性質を示す最小の粒子である。

③１種類の原子からできている物質を単体，２種類以上の原子が結びついてできている物質を化合物という。

2 いろいろな化学変化

①分解…１種類の物質が２種類以上の別の物質に分かれる化学変化。

● 炭酸水素ナトリウム→炭酸ナトリウム＋二酸化炭素＋水
($2NaHCO_3 \rightarrow Na_2CO_3 + CO_2 + H_2O$)

● 水→水素＋酸素($2H_2O \rightarrow 2H_2 + O_2$)

②酸化…**物質が酸素と結びつく**化学変化。酸化によってできた物質を**酸化物**という。

- 銅＋酸素→酸化銅（$2Cu + O_2 \rightarrow 2CuO$）
- 燃焼…**物質が熱や光を出しながら激しく酸化すること。**

③還元…**酸化物から酸素がとり除かれる**化学変化。**還元と酸化は同時に起こる。**

▼ 酸化銅の還元

還元

$2CuO + C \longrightarrow 2Cu + CO_2$

酸化銅　炭素　銅　二酸化炭素

酸化

3 化学変化と質量

よくでる ①**質量保存の法則…化学変化の前後で物質全体の質量は変化しない。**

重要 ②一定の質量の金属と結びつく酸素の質量には限度があり，完全に反応したときの**金属の質量と結びついた酸素の質量の比は，つねに一定**である。

銅：酸素＝4：1
マグネシウム：酸素＝3：2

▼ 加熱回数と質量の関係

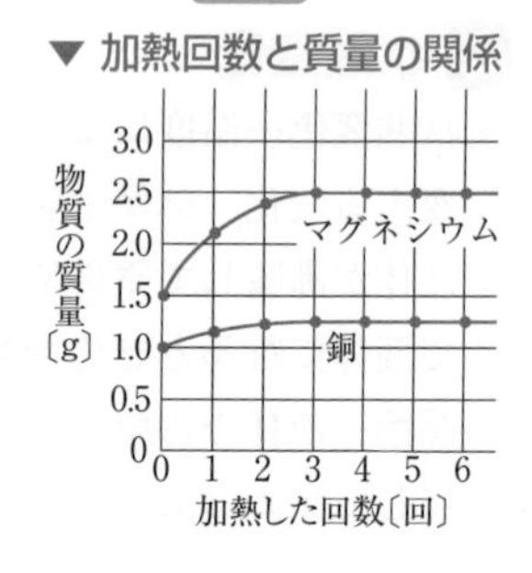

イオンと化学変化

1 イオンと電解質

①**電解質**…水に溶けると**水溶液に電流が流れる物質**。塩化ナトリウム，塩化銅など。
非電解質…水に溶けても**水溶液に電流が流れない物質**。砂糖，エタノールなど。

②**原子の構造**…**＋の電気をもつ原子核**と，**－の電気をもつ電子**からなる。

- 原子核…**＋の電気をもつ陽子**と，**電気をもたない中性子**からなる。
- **陽子の数と電子の数は等しいため，原子は電気を帯びていない。**

▼ 原子の構造

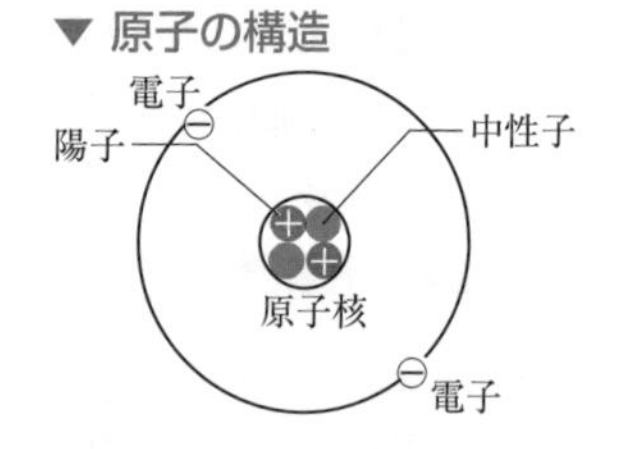

③**イオン**…原子が電子を失い，**＋の電気**を帯びたものを**陽イオン**，原子が電子を受けとり，**－の電気**を帯びたものを**陰イオン**という。

重要 ④**電離**…電解質が**水に溶けて，陽イオンと陰イオンに分かれること。**

- 塩化水素→水素イオン＋塩化物イオン（$HCl \rightarrow H^+ + Cl^-$）
- 水酸化ナトリウム→ナトリウムイオン＋水酸化物イオン（$NaOH \rightarrow Na^+ + OH^-$）

2 化学電池

①**電池（化学電池）**…化学変化を利用して，物質のもつ**化学エネルギーを電気エネルギーに変える装置。**

- 金属が電解質の水溶液に溶けるとき，**金属の原子は水溶液中に電子を放出して陽イオンになる。**

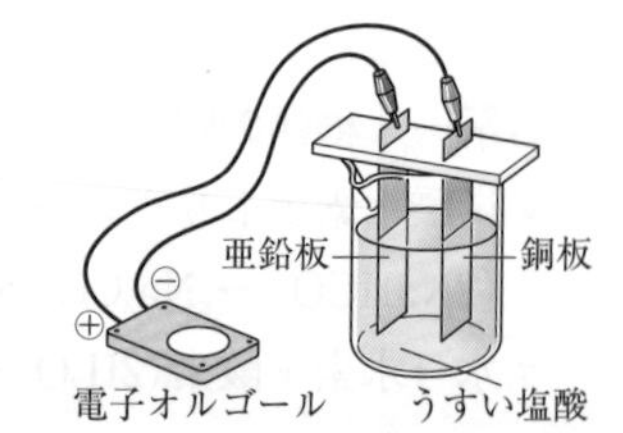

注意! ● 陽イオンへのなりやすさは金属の種類によって異なる。
マグネシウム Mg ＞ 亜鉛 Zn ＞ 銅 Cu の順に陽イオンになりやすい。
● イオンになりやすい金属が－極になる。

重要 ②**ダニエル電池**…硫酸亜鉛水溶液と硫酸銅水溶液をセロハン膜で仕切って使用した電池。

❶ Zn が電子を失って Zn^{2+} になる。

$Zn \rightarrow Zn^{2+} + 2e^-$

❷亜鉛板に残った電子は導線を通って銅板へ移動する。

❸水溶液中の Cu^{2+} が電子を受けとって Cu になる。

$Cu^{2+} + 2e^- \rightarrow Cu$

▼ ダニエル電池のしくみ

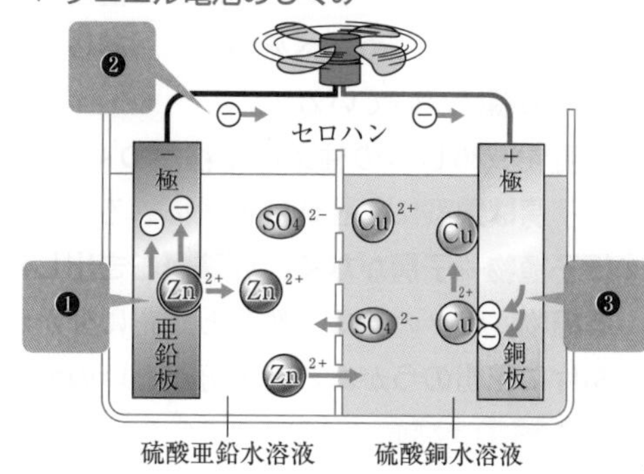

③**一次電池**…使うと電圧が下がり，**もとにもどらない電池**。マンガン乾電池など。

④**二次電池**…**充電することでくり返し使える電池**。リチウムイオン電池など。

⑤**燃料電池**…**水の電気分解とは逆の化学変化を利用**して，電気エネルギーをとり出す装置。**水だけを生じ，有害な排出ガスが出ない**ため，環境への悪影響が少ない。

3 酸とアルカリの反応

①**酸**…水溶液中で**電離して水素イオン H^+ を生じる物質**。

$HCl \rightarrow H^+ + Cl^-$

$H_2SO_4 \rightarrow 2H^+ + SO_4^{2-}$

> **酸性の水溶液の性質**
> 青色リトマス紙を赤色に変える。
> 緑色の BTB 溶液を黄色に変える。
> マグネシウムを入れると水素が発生する。

②**アルカリ**…水溶液中で**電離して水酸化物イオン OH^- を生じる物質**。

$NaOH \rightarrow Na^+ + OH^-$

$Ba(OH)_2 \rightarrow Ba^{2+} + 2OH^-$

> **アルカリ性の水溶液の性質**
> 赤色リトマス紙を青色に変える。
> 緑色の BTB 溶液を青色に変える。
> フェノールフタレイン溶液を赤色に変える。

よくでる ③**中和**…**酸とアルカリがたがいの性質を打ち消し合う**化学変化。

● 酸の水溶液中の**水素イオン H^+** と，アルカリの水溶液中の**水酸化物イオン OH^- が結びついて水 H_2O ができる**。

$H^+ + OH^- \rightarrow H_2O$

● **酸の陰イオンとアルカリの陽イオンが結びついてできた物質を塩**（えん）という。

▼ 塩酸と水酸化ナトリウム水溶液の中和

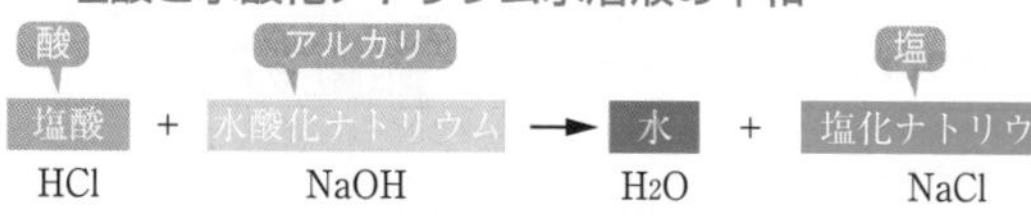

● 中和は，酸とアルカリを混ぜ合わせたときに始まる。
水溶液が中性になったとき＝中和ではない。

生物の特徴と分類

1 花のつくり

①**被子植物…胚珠が子房の中にある植物。**

重要
- 花はふつう，**めしべを中心に，おしべ，花弁，がくの順**についている。
- **受粉…めしべの柱頭に花粉がつくこと。**受粉後，**子房は果実に，胚珠は種子になる。**

▼被子植物の花のつくり

花粉　受粉　柱頭
やく
花弁
胚珠➡種子
果実⬅子房　がく

②**裸子植物…子房がなく，胚珠がむき出しになっている植物。**マツの花は，雌花と雄花に分かれていて，**雌花のりん片に胚珠，雄花のりん片に花粉のう**がある。子房がないので，受粉後に**果実はできない。**

2 植物の分類

①**種子植物…種子を**つくってなかまをふやす植物。

②**種子をつくらない植物…**種子をつくらず，**胞子を**つくってなかまをふやす。

- **シダ植物…根，茎，葉の区別がある。**
- **コケ植物…根・茎・葉の区別がない。**

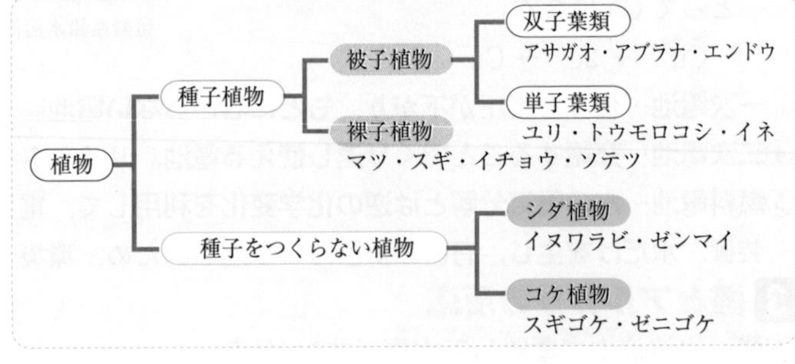

よくでる ③被子植物は，子葉の数や葉脈のようすなどによって，**双子葉類**と**単子葉類**に分けられる。

	子葉の数	葉脈のようす	茎の維管束	根のつくり
双子葉類	子葉が2枚	網目状 網状脈	輪状にならぶ	側根　主根 主根・側根がある
単子葉類	子葉が1枚	平行 平行脈	ばらばらに散らばっている	ひげ根

3 動物の分類

よくでる ①**セキツイ動物…背骨をもつ動物。**

	魚類	両生類	ハチュウ類	鳥類	ホニュウ類
生活の場所	水中	子は水中，親は陸上	陸上(水中)	陸上	陸上(水中)
呼吸のしかた	えら	子はえらと皮膚，親は肺と皮膚	肺		
子のうまれかた	卵生				胎生
	水中に殻のない卵をうむ		陸上に殻のある卵をうむ		
体表のようす	うろこ	しめった皮膚	うろこやこうら	羽毛(うもう)	毛
動物の例	マグロ，サメ，コイ	カエル，イモリ，サンショウウオ	トカゲ，ヤモリ，カメ	カラス，ツバメ，モズ	ネズミ，ウサギ，ヒト

②無セキツイ動物…背骨をもたない動物。節足動物(バッタ，ムカデ，カニ)や軟体動物(アサリ，イカ)などがいる。

植物のからだのつくりとはたらき

1 細胞のつくり

重要 ①植物の細胞と動物の細胞に共通のつくり…核，細胞膜。

植物の細胞にのみ見られるつくり…細胞壁，葉緑体，発達した液胞。

▼ 植物の細胞　▼ 動物の細胞

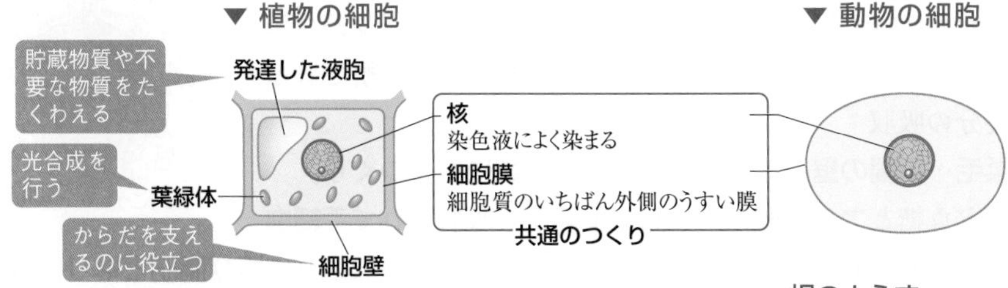

2 根・茎・葉のつくりとはたらき

①根のつくり

- 主根と側根…太い根(主根)から細い根(側根)が出ているもの。
- ひげ根…たくさんの細い根からなるもの。

▼ 根のようす

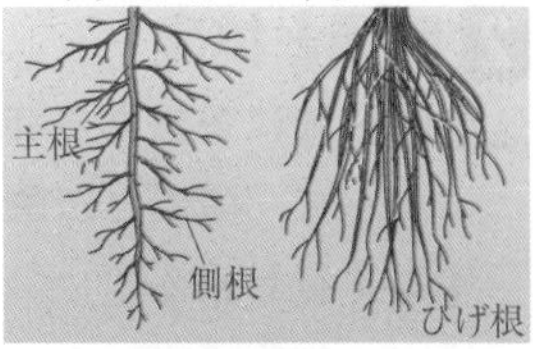

ホウセンカ　トウモロコシ

主根　側根　ひげ根

②茎のつくり

- 道管…水や水に溶けた養分(肥料)の通り道。
- 師管…光合成でできた栄養分の通り道。
- 維管束…道管と師管が集まった部分。

▼ 茎のつくり

重要 ③葉のつくり

- 葉緑体…細胞の中にある緑色の粒。光合成を行う。
- 気孔…三日月形をした2つの孔辺細胞で囲まれた小さなすき間で，酸素，二酸化炭素の出入り口，蒸散による水蒸気の出口。一般に葉の裏側に多く見られる。

▼ 気孔

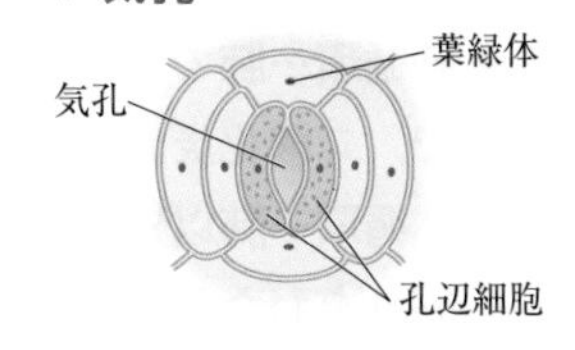

④蒸散…植物体内の水を水蒸気として気孔から出す現象。

3 光合成と呼吸

よくでる ①光合成…太陽の光を受けて，二酸化炭素と水をもとにデンプンなどの栄養分をつくる。葉緑体で行われる。

②呼吸…酸素をとり入れて二酸化炭素を出す。

注意！ ③光合成は昼にだけ行われるが，呼吸は1日中行われる。

▼ 光合成のしくみ

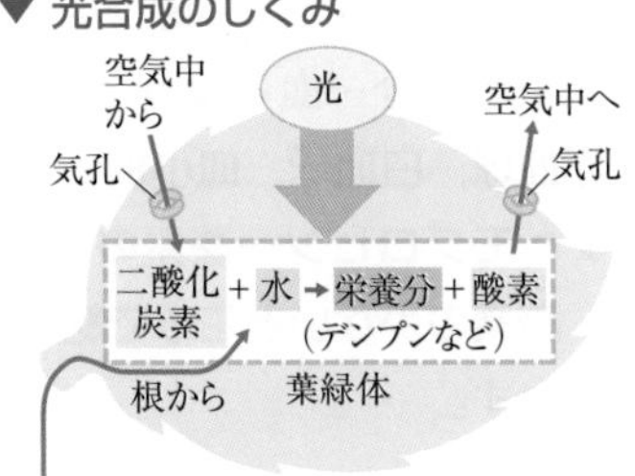

動物のからだのつくりとはたらき

1 消化と吸収

①消化…食物は，消化酵素のはたらきで体内に吸収しやすい物質にまで分解される。

- **消化管**…**口→食道→胃→小腸→大腸→肛門**とつながった1本の長い管。
- よくでる **消化酵素**…おもに消化液にふくまれ，それぞれ**決まった栄養分を分解する。**最終的に，**デンプンはブドウ糖，タンパク質はアミノ酸，脂肪は脂肪酸とモノグリセリド**に分解される。

▼ ヒトの消化系

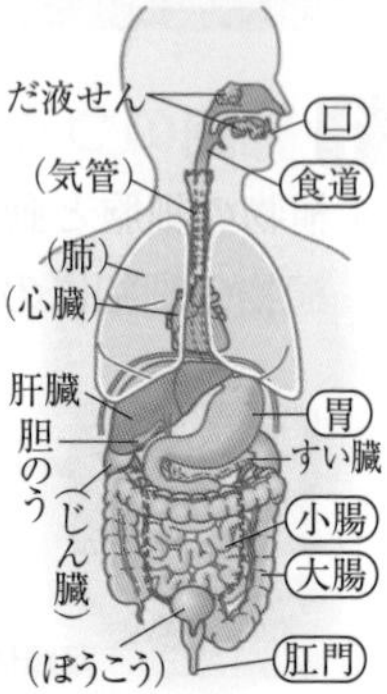

重要 ②栄養分の吸収

- **柔毛…小腸の壁にあるひだの表面に無数にあるつくり。**
- ブドウ糖とアミノ酸は，小腸の**柔毛**から吸収されて**毛細血管に入る。**脂肪酸とモノグリセリドは，柔毛に吸収されて**再び脂肪となり，リンパ管に入る。**

2 呼吸と排出

①**呼吸**…肺に多数ある**肺胞**という小さな袋によって，酸素と二酸化炭素の交換が効率よく行われる。

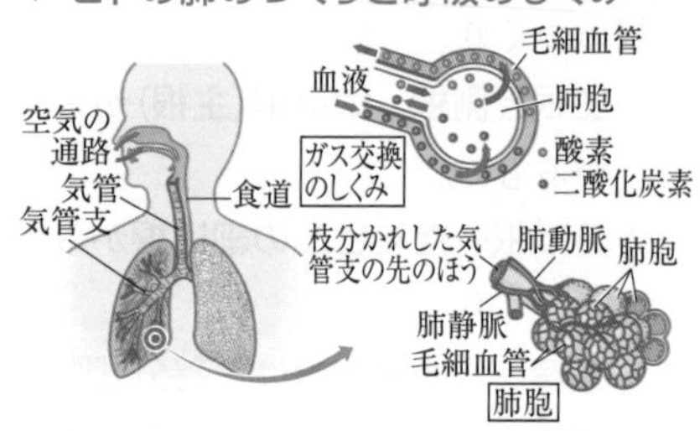

▼ ヒトの肺のつくりと呼吸のしくみ

重要 ②**排出**…細胞呼吸によって生じた**アンモニアは，肝臓で害の少ない尿素に変えられ，**じん臓で血液中からこしとられ，尿として体外に排出される。

3 血液の循環

よくでる ①血液の循環

- **肺循環**…**肺**で，血液中に酸素をとりこんで，二酸化炭素を出し，**心臓**にもどる。
- **体循環**…**肺以外の全身の細胞**に酸素と栄養分をわたし，二酸化炭素や不要な物質を受けとって，**心臓**にもどる。

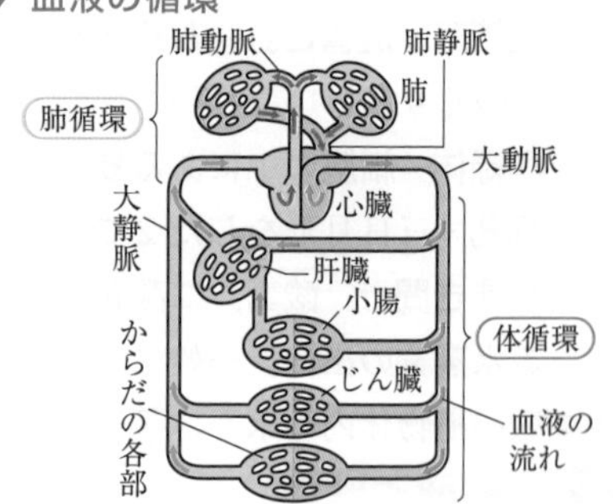

▼ 血液の循環

②血液の成分…**血しょう**という液体成分と，**赤血球，白血球，血小板**という固形成分からできている。

- **ヘモグロビン**…**酸素の多いところで酸素と結びつき，酸素の少ないところで結びついていた酸素の一部をはなす。**

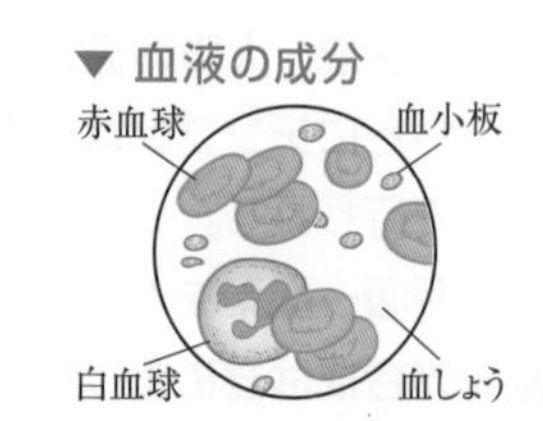

▼ 血液の成分

4 刺激と反応

①神経系…**中枢神経**(脳やせきずい)と**末しょう神経**(**感覚神経**や**運動神経**など)の総称。

②刺激に対する反応

- 意識して起こる反応…**感覚器官**からの信号が感覚神経を通って**脳に伝わって，感覚が生じる**。脳からの命令の信号は，運動神経を通して筋肉などに伝えられる。

注意！
- 反射…刺激を受けたとき，**意識とは無関係に起こる反応**。**直接，せきずいなどから命令の信号が運動神経に伝えられる**。

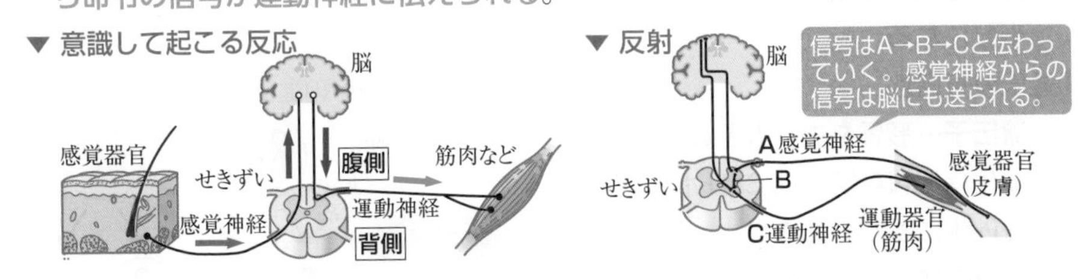

生物のふえ方と遺伝

1 からだが成長するしくみ

重要 ①細胞分裂…1つの細胞が2つに分かれること。**体細胞分裂**と**減数分裂**がある。

- 染色体…**細胞分裂のときに見られるひも状のもの**。生物の種類によって数が決まっている。
- 染色体は，分裂前に複製されて2倍になる。

②成長のしくみ…細胞分裂によってふえた細胞の一つ一つが大きくなることで成長する。

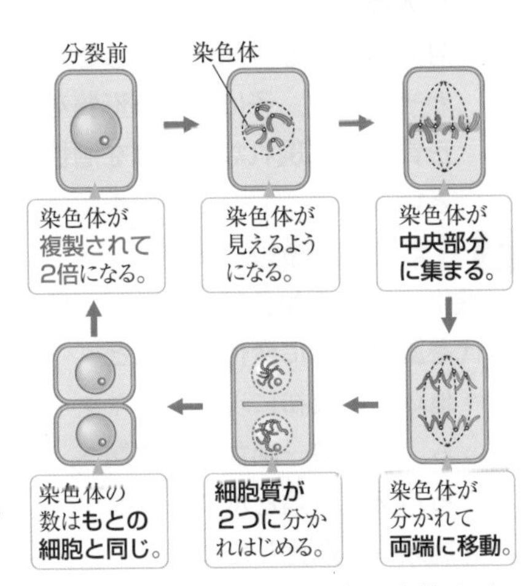

2 生物がふえるしくみ

①**無性生殖**…受精によらず，**体細胞分裂によって子をつくる**生殖。分裂，栄養生殖，出芽などがある。

よくでる ②**有性生殖**…**受精によって子をつくる**生殖。

- **生殖細胞**…生殖のための特別な細胞。
- **受精**…**生殖細胞の核が合体すること**。
- **発生**…受精卵が胚になり，**親と同じようなからだになるまでの過程**。

▼ 被子植物の有性生殖

3 形質が遺伝するしくみ

▼ 無性生殖の染色体の受けつがれ方

親 体細胞分裂 子 子

重要 ①無性生殖の特徴…子は親の染色体をそのまま受けつぐので，**子の形質は親の形質と同じ**になる。

重要 ②有性生殖の特徴…子は両方の親から半分ずつ染色体を受けつぐので，**子には親と異なる形質が現れることもある**。

- **減数分裂…生殖細胞をつくるための特別な細胞分裂**。**染色体の数がもとの細胞の半分になる。**

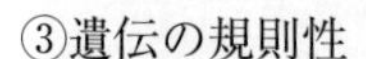

③遺伝の規則性

▼ 親から子への遺伝のしくみ

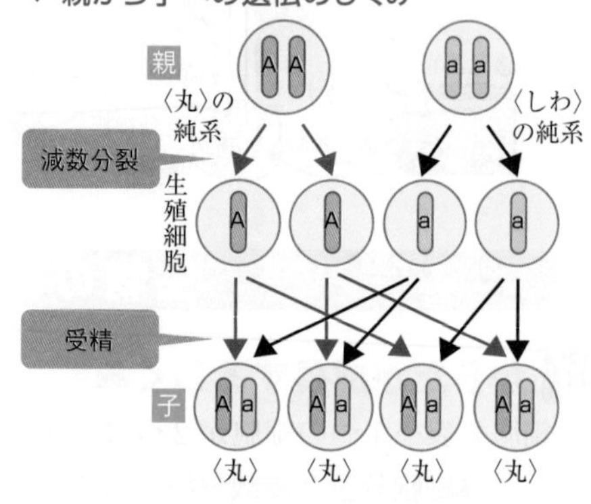

- **遺伝子**…形質を表すもとになるもの。本体は**DNA（デオキシリボ核酸）**で，染色体にふくまれる。

重要
- **分離の法則**…減数分裂のとき，**対になっている遺伝子は別々の生殖細胞に入る**。

よくでる
- 対立形質をもつ純系どうしをかけ合わせたとき，**子に現れる形質を顕性形質**，**子に現れない形質を潜性形質**という。

4 生物の多様性と進化

▼ セキツイ動物の進化

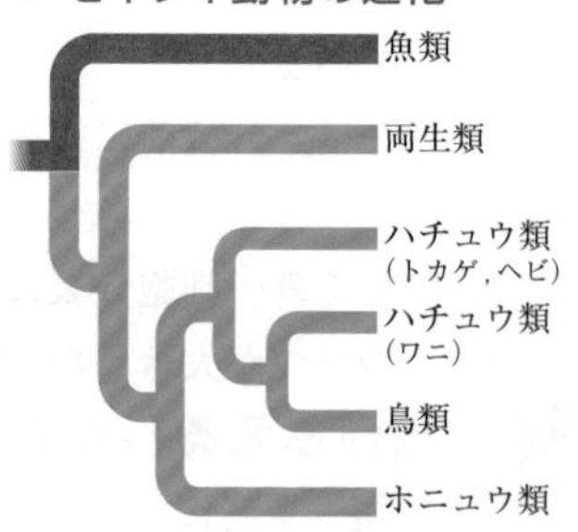

①**進化…生物のからだの特徴が，長い年月をかけて代を重ねる間に変化すること。**

- 地球上に最初に現れたセキツイ動物は魚類である。**魚類の一部から両生類へ，両生類の一部からハチュウ類とホニュウ類へ，ハチュウ類から鳥類へと進化**した。
- 進化の証拠…**シソチョウ**は，ハチュウ類の特徴と鳥類の特徴の両方をもつ。
- **相同器官…現在の形やはたらきは異なるが，もとは同じ器官であったもの。**

  例 ヒトのうで
  　クジラのひれ
  　コウモリのつばさ

▼ シソチョウ

前あし　歯　羽毛　つめ　長い尾

ハチュウ類の特徴
- 口に歯がある。
- つめがある。
- 長い尾がある。

鳥類の特徴
- 前あしがつばさである。
- 羽毛におおわれている。

大地の変化

1 火山と火成岩

①火山…マグマのねばりけによって形が決まる。

マグマのねばりけ	強い	←→	弱い
溶岩の色	白っぽい	←→	黒っぽい
火山の形	おわんをふせたような形	円すい形	傾斜(けいしゃ)がゆるやかな形
噴火のようす	激しく爆発的な噴火	←→	比較的おだやかな噴火

②火成岩…**マグマが冷え固まってできた岩石**。

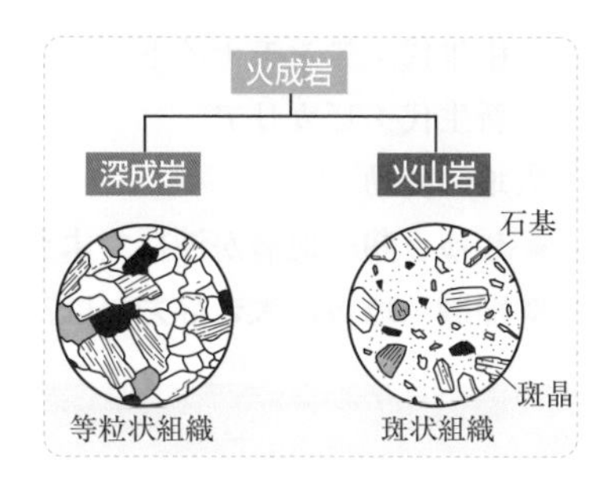

- **深成岩**…マグマが**地下深いところでゆっくり冷え固まった岩石**。比較的大きな粒でできたつくり(**等粒状組織**)をしている。
- **火山岩**…マグマが**地表または地表付近で急に冷え固まった岩石**。細かい結晶やガラス質からなる**石基**の中に大きな結晶である**斑晶**がちらばったつくり(**斑状組織**)をしている。

③鉱物

- **無色鉱物**…セキエイ，チョウ石。
- **有色鉱物**…クロウンモ，カクセン石，キ石，カンラン石。

2 地震

①**震源**…**地震が発生した地下の場所**。
震央…**震源の真上の地表の地点**。

▼ 震源と震央

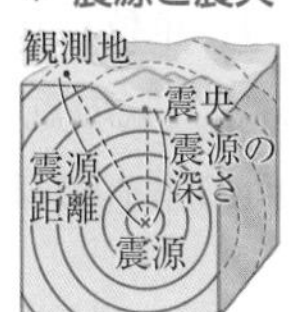

▼ 地震のゆれ

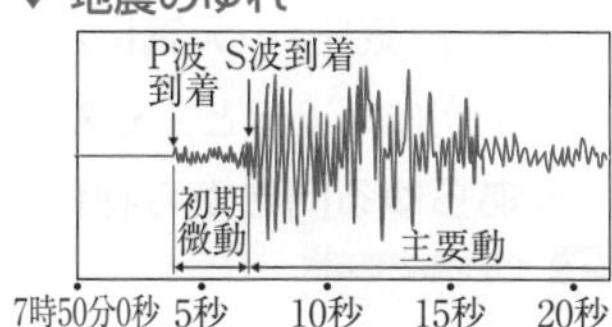

②地震のゆれ

- **初期微動**…地震が発生したとき，**P波によってはじめに起こる小さなゆれ**。
- **主要動**…初期微動のあとに続いて起こる，**S波による大きなゆれ**。

③**震度**…地震による**ゆれの大きさ**。10段階。
マグニチュード(記号：M)…**地震そのものの規模**。

注意！ ④**初期微動継続時間**…ある観測地点での，**P波が到着してからS波が到着するまでの時刻の差**(初期微動が続く時間)。**震源からの距離が遠いほど長くなる**。

▼ 震源からの距離とゆれ

初期微動継続時間
震源からの距離〔km〕 0, 100, 200
福井 彦根 大阪
P波 S波
P波・S波がとどくまでの時間〔秒〕 0, 20, 40, 60, 80

3 堆積岩と地層

①堆積岩

- **粒の大きさ**による分類…れき岩，砂岩，泥岩。
- 石灰岩…うすい塩酸をかけると**二酸化炭素が発生**する。
- チャート…**非常にかたく**，うすい塩酸をかけても二酸化炭素は発生しない。
- 凝灰岩…火山灰などの**火山噴出物が降り積もって固まったもの**。

重要 ②化石…地層の中に見られる動物や植物の死がいや生活のあと。

- 示相化石…地層が堆積した**当時の環境を知る手がかりとなる化石**。
  例　サンゴ(あたたかくて浅い海)，シジミ(湖や河口)など。
- 示準化石…地層が堆積した**年代を知る手がかりとなる化石**。
  古生代：サンヨウチュウ，フズリナ
  中生代：アンモナイト
  新生代：ビカリア

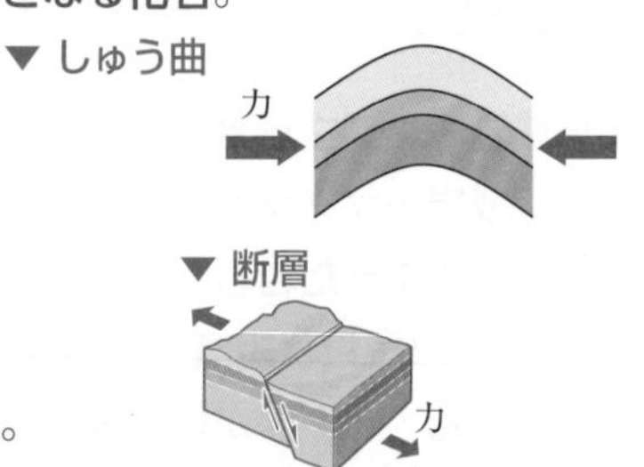

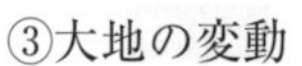

③大地の変動

- **しゅう曲**…地層が**波打つように曲がったもの**。
- **断層**…地層に**大きな力がはたらいて生じたずれ**。

天気の変化

1 大気の中ではたらく力

重要 ①**圧力**…**一定面積あたりの面を垂直に押す力**。単位は**パスカル**(記号 Pa)や**ニュートン毎平方メートル**(記号 N/m^2)など。

$$圧力〔Pa〕=\frac{力の大きさ〔N〕}{力がはたらく面積〔m^2〕}$$

②**大気圧(気圧)**…**大気による圧力**。単位は**ヘクトパスカル**(記号 hPa)。

- 上空にいくほど，その上にある大気の重さが小さくなるので，大気圧は小さくなる。
- **あらゆる向き**から物体の表面に垂直にはたらく。

2 気象観測

よくでる ①**天気図記号**…**天気，風向，風力を表す記号**。

天気	快晴	晴れ	くもり	雨	雪	霧(きり)
記号	○	⦶	◎	●	⊗	⊙

▼天気図記号の例

北東の風・風力4・天気晴れ

②**雲量**…空全体を 10 としたときの雲の量。雨や雪などの降水がない場合，**雲量 0，1 のとき快晴，2～8 のとき晴れ，9，10 のときくもり**。

注意! ③高気圧・低気圧と風(北半球)

- **高気圧**…中心付近では**下降気流が生じ，時計回りに風がふき出す**。
- **低気圧**…中心付近では**上昇気流が生じ，反時計回りに風がふきこむ**。

3 空気中の水蒸気と雲

①**飽和水蒸気量…空気1 m^3 中に含むことができる水蒸気の最大量。**

②**湿度**…空気1 m^3 中に含まれる水蒸気量を，その温度での飽和水蒸気量に対しての割合(百分率)で示したもの。

湿度の求め方

$$湿度〔\%〕=\frac{空気1\,m^3中に含まれる水蒸気量〔g/m^3〕}{その温度での飽和水蒸気量〔g/m^3〕}\times 100$$

重要 ③**露点**…空気の温度が下がっていき，**水蒸気が水滴になり始める(凝結する)温度。**

④雲のでき方…**上昇した空気が膨張し，温度が下がる。**さらに上昇して温度が**露点以下に下がる**と，空気中の水蒸気の一部が凝結して**水滴や氷の結晶に変わり，**雲ができる。

▼ 雲のでき方

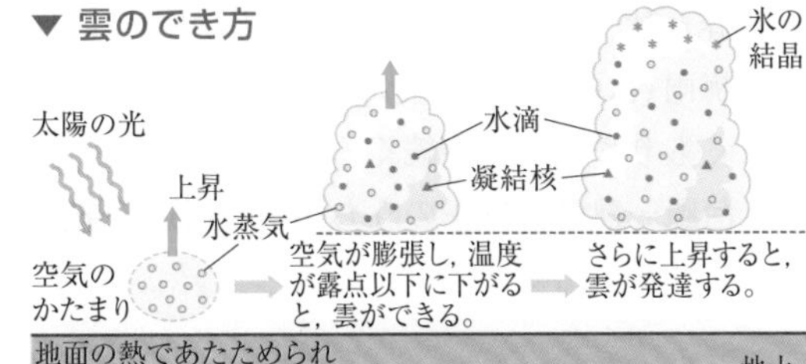

4 前線と天気

よくでる ①寒冷前線と温暖前線

前線	寒冷前線	温暖前線
記号	▼▼▼	●●●
前線面のようす	前線面／積乱雲／積雲／暖気／寒気／雨／寒冷前線／約70km／前線の進行方向 **寒気が暖気を押し上げながら進む。**	温暖前線／暖気／高層雲／高積雲／巻層雲／巻雲／前線面／乱層雲／雨／寒気／約300km **暖気が寒気の上にはい上がりながら進む。**
天気の変化	・**積乱雲**ができ，**せまい範囲に激しい雨が短時間**降る。 ・**北寄りの風**がふき，寒気におおわれるために**気温は下がる。**	・**乱層雲**ができ，**広い範囲におだやかな雨が長い時間**にわたって降る。 ・**南寄りの風**がふき，暖気におおわれるために**気温は上がる。**

5 日本の天気

①大気の動き

- **偏西風…地球の中緯度帯の上空を1年中ふいている，西寄りの強い風。**
- 海陸風…海岸地方で，日中に**海上から陸上へ向かってふく風を海風**，夜間に**陸上から海上へ向かってふく風を陸風**という。

▼ 海風

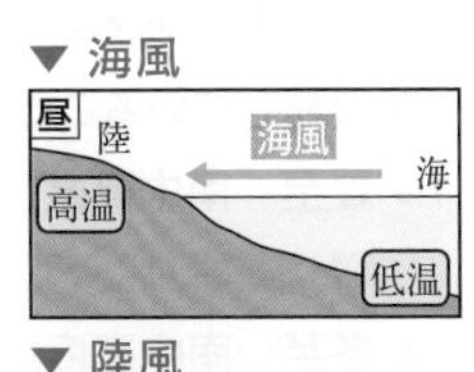

▼ 陸風

夜　陸　陸風　海　低温　高温

②日本の四季の天気

▼ 冬の天気図　▼ 夏の天気図

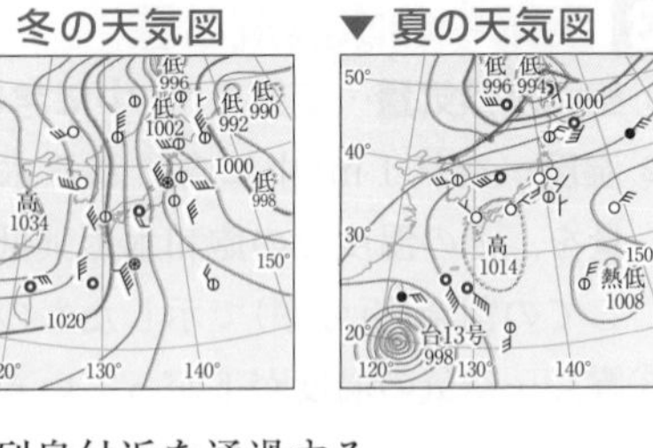

重要 ● 冬…冷たく，乾燥した**シベリア気団**が発達する。**西高東低の気圧配置**になり，**北西の季節風**がふく。

重要 ● 夏…**小笠原気団**が勢力を増す。**南高北低の気圧配置**になり，**南東の季節風**がふく。

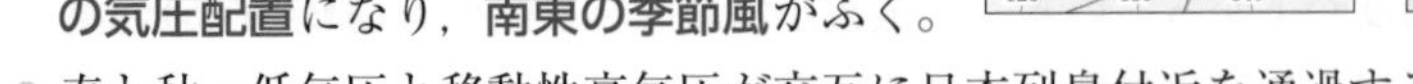

● 春と秋…低気圧と移動性高気圧が交互に日本列島付近を通過する。

● 梅雨(秋雨)…オホーツク海気団と小笠原気団の勢力がつり合って**停滞前線**ができ，くもりや雨の日が続く。

● **台風**…熱帯低気圧のうち，**中心付近の最大風速が 17.2m/s 以上のもの。**

地球と宇宙

1 地球の自転・公転による天体の動き

重要 ①地球の動き

● 地球の**自転**…**地軸を中心に，1日に1回，回転**している。

● 地球の**公転**…**太陽のまわりを1年で1周**している。

▼ 北の空の星の動き

②太陽・星の1日の動き(日周運動)…**地球の自転による。**

● 太陽は，東からのぼって南の空を通り，西へ沈む。

重要 ● 星は，東から西へ，**1時間に約 15°** 動いているように見える。北の空の星は，**北極星を中心に反時計回り**に動いて見える。

● **南中**…太陽や星などの天体が**真南にくること。**

▼ 地球の公転と太陽の動き

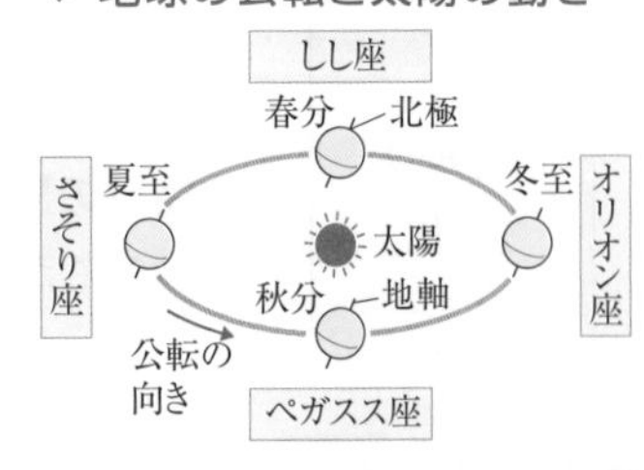

③太陽・星の1年の動き…**地球の公転による。**

● 太陽は，**黄道上**を1年で1周しているように見える。

重要 ● 星は，**1か月に約 30°** 西へ動いているように見える。

よくでる ④太陽の動きと季節の変化…**地球が地軸を傾けたまま公転**していることで，季節によって，南中高度や日の出・日の入りの位置が変化する。

● **夏至**…**南中高度が最も高く**，日の出・日の入りの位置は**北寄り**。

● **冬至**…**南中高度が最も低く**，日の出・日の入りの位置は**南寄り**。

● **春分・秋分**…太陽は**真東から出て真西へ沈む。昼と夜の長さがほぼ同じ**になる。

▼ 季節による太陽の動きの変化

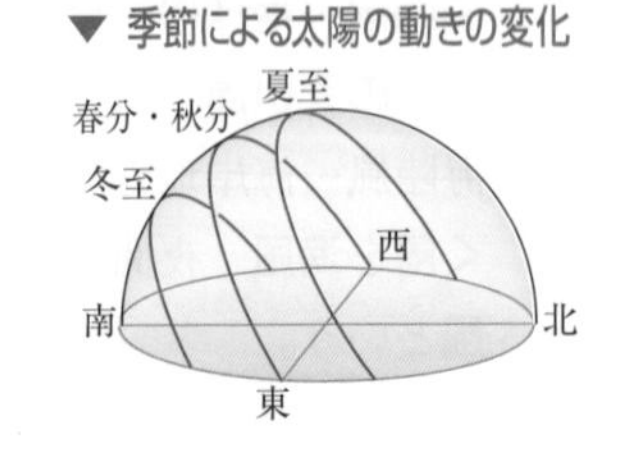

2 月と金星の見え方

①月…**地球のまわりを公転する衛星**。

- 太陽，月，地球の位置関係によって，見える形や位置が変化する。
  新月…太陽と同じ方向にあるので**見えない**。
  上弦の月…日の入りの頃に南中する。
  満月…真夜中に南中する。
  下弦の月…日の出の頃に南中する。

▼ 月の見え方

注意！ ②日食と月食

- **日食…太陽**の全体，または一部が**月にかくれて見えなくなる現象**。
- **月食…月**の全体，または一部が**地球の影に入る現象**。

よくでる ③**金星…地球よりも内側を公転**している。

- 地球から見て**太陽と反対の方向に位置することはない**ので，**真夜中には見えない**。
- **明け方の東の空**（**明けの明星**）か**夕方の西の空**（**よいの明星**）に見られる。

▼ 金星の見え方

ア～オは夕方，西の空に見える。（よいの明星）
カ～コは明け方，東の空に見える。（明けの明星）
（XとYは太陽と同じ方向にあるので見えない。）

3 太陽系と宇宙の広がり

①**太陽系…太陽と太陽のまわりを公転している天体の集まり**。

- 太陽系の天体のうち，**水星**，**金星**，**地球**，**火星**，**木星**，**土星**，**天王星**，**海王星**を**惑星**という。
  地球型惑星…水星，**金星**，**地球**，**火星**。**大きさや質量が小さく，密度が大きい**。
  木星型惑星…木星，**土星**，**天王星**，**海王星**。**大きさや質量が大きく，密度が小さい**。

②**太陽…みずから光を出して輝く恒星**。

重要 ● **黒点**…太陽の表面に見える黒い部分。**まわりの部分（約6000℃）よりも温度が低い（約4000℃）**。

- 黒点の観察
  ・黒点は東から西へ移動する。→**太陽は自転している**。
  ・黒点は中央部では円形で，周辺部では細長く見える。
  →**太陽は球形をしている**。

▼ 黒点の観察

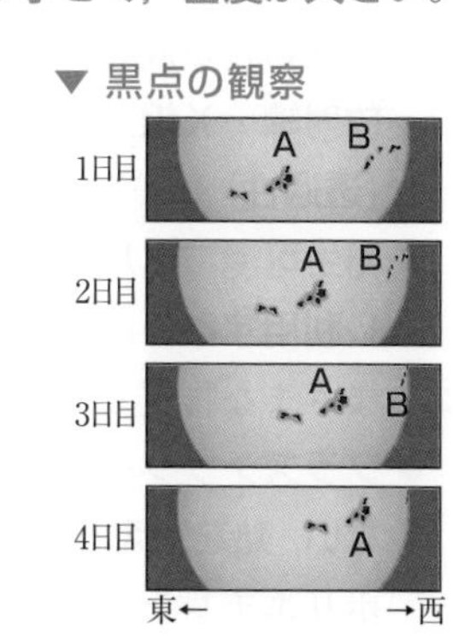

生態系と人間

1 生態系の成り立ち

①生態系…生物と，それをとり巻く環境(水，大気，土など)を１つのまとまりとしてとらえたもの。

重要 ②食物連鎖…**食べる・食べられるの関係**にある生物どうしのつながり。

- **生産者**…無機物から有機物をつくり出し，**自分のつくった栄養分で生きる生物**。
- **消費者**…生産者のつくった**有機物を直接・間接にとり入れて生きる生物**。
- ふつう，食べられる生物の数のほうが，食べる生物より多い。

③土壌中の生物とそのはたらき

注意！
- **分解者**…生物の死がいやふんなどの**有機物を無機物に分解**し，栄養分を得る生物。ダンゴムシなどの小動物や微生物がいる。
- **微生物**…**菌類**や**細菌類**など。呼吸により有機物を無機物に分解する。

④物質の循環…炭素や酸素などの物質は，生物の活動を通じて，生物とまわりの環境の間を循環している。

▼ 物質の循環

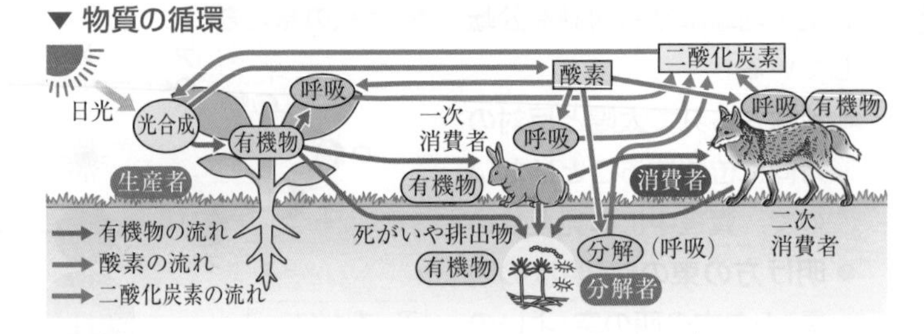

2 生態系の中で暮らす

①エネルギー資源とその利用

- **化石燃料**…大昔に生きていた**動植物の死がいなどの有機物が長い年月を経てできたもの**。**石油**や**石炭**，**天然ガス**など。大量に燃やすことで**二酸化炭素を排出**し，**地球温暖化**の原因の１つとなっていると考えられている。
- **放射性物質**…**放射線を出す物質**。原子力発電に用いられるウランなどがある。放射性物質が放射線を出す能力を**放射能**といい，単位は**ベクレル**(記号：Bq)。
  放射線…**X線**，**α線**，**β線**，**γ線**，**中性子線**などがある。物質を通りぬける性質(**透過性**)や原子から電子をうばいイオンにする性質(**電離作用**)をもつ。
- **再生可能エネルギー**…太陽光，風力，地熱，バイオマスなどの，**何度でもくり返し利用することができるエネルギー**。

②さまざまな物質とその利用

- **プラスチック**…**石油などをもとに人工的につくられた高分子化合物**。**電気を通さない，熱を加えると変形しやすい，燃えると二酸化炭素を出す**などの共通点がある。ポリエチレン(PE)，ポリエチレンテレフタラート(PET)など。